U0157532

教育部人文社会科学研究青年基金资助项目
（项目批准号：18YJC760015）

Design
Anthropology:
A Theoretical Perspective

设计人类学：
基本问题

耿 涵 著

中国建筑工业出版社

可以想象的是，在设计和艺术没有截然分开的时代，敲凿石头或是打磨动物骨骼都是能够带来幸福感的工作，因为这种"利他性"的工作直接而具体地作用在自身或族人的日常生活中，设计的获得感是真确的。自从设计与艺术相分离的时代开始，设计通常就意味着为了他人而进行的创造性实践，这种实践在当时总的来说（比较意义上）是幸福的，因为它是创造性的活动，并且能够因为获得了他人真切需要的满足而自我实现。然而现代以来，设计的故事就发生了根本性的变化。幸福的工匠化身为设计师，但有时他／她们既不能确定设计在为谁服务，也不能确定设计是否还拥有创造性。设计师表面上是在为委托人（甲方）服务，但问题是委托人的诉求往往是欲望而不是需要，委托人的需要往往建立在一系列分析（比如商业调研）和判断的基础上，而不是其自身及其客户直觉上或存在上的需求。现代的设计因此是丧失了"利他性"的，或者说利他性变得非常间接和遥远，"利"还是"害"也并不容易分辨，"利他"有可能同时是"害他"，这让设计失去了根本性的自我认同的条件，设计师因此变得工具化。不但如此，设计师还被要求和委托人一起制造需求，设计的创造力被迫与制造需求的手段或套路划等号。这样一来，设计这个职业就因为成了资本的同谋甚或走卒，导致其从业者不但幸福感缺失，更有几许萎顿乃至内疚感。换句话说，在现代，职业设计师总体上并不是为了人而设计，而是为了数据或是分析报告而设计，归根结底是为财富而设计。这当然不能说是设计师的错，他／她们的职业甚至还有在商业—技术合谋的高速喷腾中泯没的风险。

对此，从 20 世纪中期就不断涌现的来自设计学内部的矫正或批判，这些声音汇聚成全球化背景下文化整体的挣扎。对设计／商业／社会关系问题的批判实际上是设计作为人类长久以来的存在方式的回归吁求。笔者更愿意把帕帕奈克（Victor Papanek）时代的设计批评看作是人性流徙中知识分子文化自觉的体现，他从批判中提示我们从设计之外来认识设计，本书所讨论的设计人类学正是基于这种认识而对此领域所进行的推展。设计人类学的认识基础是设计有必要被放置在文化中来看待，设计所创造的事与物影响文化或参与型塑文化，它不但能满足人的生理需要，更是人的文化需求的满足方式，因此设计人类学所对应和表达的是一种设计文化观。这种文化观对当下围绕设计问题所产生的文化现象的一种认识是，由于设计的造物观在发生变化，造物当然还是创造性实践的主要方式，但造物的主体，也即创造力的持有者，正在由职业设计师扩展到每一个人。人们的关注点越来越多地聚焦于人的造物实践行为、方法、技巧而非物本身。原研哉的一番话很有意思：我们观看世界的视角与感受世界的方法可能有千万种，只要能够下意识地将这些角度和感受方法运用到日常生活中，就是设计。在此意义上，设计人类学应该与社会创新设计有着同样的判断，即在设计师的工作范畴中，需要加入一项"人们如何参与到创造性的实践中来"的设计。作为公众文化的设计，其核心问题不再是或不再仅是符合人的生理需要或满足人的心理需求，而应是直接作为人的创造力的激发和显现。"人人都是设计师"将是一种从微观到宏观的共识，而"为人而设计"这一常规表述，有可能推阐为"为设计的人而设计"或"为与人一同设计而设计"。

本书围绕设计人类学的基本问题展开，其首要目的是对设计人类学进行基础性的缕述，阐释其既有理论以及学术生产的路径；其次是借用设计人类学来撬开一个由设计实践转向文化实践的问题域，在其中对设计人类学的功能、方法、价值及其意义做螺旋式的思索；最终，笔者认为对设计人类学而言，"实践性"本身就是其独特价值之所在，而取得"实践性"意义的方法恰恰在于"实验"。继而本书呈现了一个既不属于既有设计学范畴，也不属于既有人类学范畴的略带"颠覆性"的实验案例，并旨在通过这一案例来说明，对于交叉的学科或知识，"交叉"并不是在构成交叉关系的若干学问之中打转，而是应该通过交叉来打破故常，创生出若干不同于原本学术领域的方法和内容，衍生出一系列新的可能性。

在写作的后期我时常想，设计人类学前缀的"设计"及其内涵与我们学习阶段所理解的构形和造物意义上的设计已经相去甚远。这部设计人类学创作的初衷确实是为了发展设计学的，但在写作过程中，设计的概念却越发模糊，它似乎真的回归为一种本就如其所是的人类的存在方式，而设计人类学则更趋近于一种思想方式。

这世界上的事情有时候就是这么吊诡。

目 录

前 言

第一章 | 导 论

从文化史的角度，设计学与人类学都与人类社会发展中所出现的问题相伴随。设计学诞生于第一次工业革命后期，成立于1837年的英国政府设计学院（Government School of Design）是第一所专门教授"设计"的学校，彼时"设计学"的内容是"设计实践的方法"。从词义上看，与design相似的法语dessin或拉丁语disegno都是基于素描的绘画，它们与早期工艺有某种关系，词义的变化体现了其形态的变化和内容的伸张。英国政府设计学院的成立动因是提升彼时的英国商品制造水平，提高英国产品的竞争力，服务其全球商品扩张的战略。设计学因此从开始就是一门实践导向的学科，它从实践方法本身开始，从实践中总结经验，再从经验中发展出新的实践方法，不断创造新形式和新功能用以丰富体验，经验与实践在此中循环往复，彼此超越。由于设计（品）与人的生活有着直接而具体的关系（比如茶壶就是用来喝茶的），因此人们生活实践的方式是设计的决定要素。由于实践即存在之基础，因此设计与人的存在方式紧密相关。更进一步说，设计就是人类的存在方式，或至少是若干存在方式之一。在这种逻辑基础上，设计学首先是一门关于"人"的学问。由于人是多面的，设计学自然也是多元化的。

我们再留意一下人类学，现代人类学更是一门关于"人"的学问，早在 1647 年，丹麦哥本哈根大学的创始人巴尔托林（C.Bartholin）就定义了人类学：

人类学，也就是对待人类的科学，通常被合理地分为关涉身体与肢节的解剖学，以及与灵魂对话的心理学。[1]

身体与灵魂是人类学的两个关注面，于是就有了"体质研究"方向和"文化研究"方向。人类学的文化研究方向肇始于大航海尤其是殖民地扩张的背景之下，法国学者保罗·布洛卡（Paul Broca）在 1859 年组织成立了"巴黎人类学协会"（Société d'Anthropologie de Paris）。此后，英国学者托马斯·赫胥黎（Thomas Huxley）在 1871 年发起成立了"大不列颠和爱尔兰人类学会"（Anthropological Institute of Great Britain and Ireland），即后来产生广泛影响的英国"皇家人类学会"（the Royal Anthropology Institute of Great Britain and Ireland），它的主要研究对象是人种和异文化。爱德华·泰勒（Edward Tylor）在 1881 年出版了《人类学：人与文明研究导论》，再次重申并肯定了巴尔托林所表明的人类学研究的两个方向——人的躯体与灵魂。[2] 这是人类学内在的两个主要研究分支，一是研究人类生物形态、身体结构特征的"体质人类学"（Biological or Physical Anthropology），二是研究人类社会行为、政治结构、文化意义及其特殊价值的"社会人类学"或"文化人类学"（Social or Cultural Anthropology）。不难看出，人类学首先是一门包含了自然科学与社会科学的综合科学；其次，由于人类学研究的对象包含着人类自身的方方面面，因此它是一种极具包容性和开放性的学问；最后，由于人类学的包容性，它又是一种轮廓模糊的学问，在学术实践中它经常"侵入"其他学科的研究领域（诸如考古学、医学、语言学、政治学、社会学等），当然其他学科的研究也乐于借用人类学的成果或研究方法，这种学科之间的濡合对于人类学而言如同家常便饭。

虽然边界模糊，不等于人类学没有其学科旨要，否则它就没有独立存在的意义。这种旨要简单说来就是对活态的社会与文化群体的专注，其深层次驱动是认知并强化人的存在价值。人类学擅于揭示人类文化现象，并挖掘表层现象内里所蕴含的群体实践中的文化结构。这种对人类文化或文明价值的解释（或建构）有着诸多现实意义，其中很重要的，一是有助于洞悉并理解异邦"他者"的行为与其背后的文化原因，二是能够直接促进群族内部"文化自觉"的形成。

从直觉上，我们便能感知到设计学和人类学之间某种内在的关联，二者都是以人为研究对象的学问，体质人类学对应了设计中人体结构和机能的部分，而社会文化人类学则与设计的广义文化层面、社会层面、审美层面有着广泛的交叉论域。如果从人类学的角度去理解设计（物质与其实践方式），我们就有可能思考设计功能之外的更多价值。而如果我们将设计实践付诸人类学，那么人类学的学术手段和文化功能将得到极大程度的扩展。人类学将不再只是民族志或研究性文本，它甚至可能是一种介入性的实践。民族志是建立"知"的工具，也即理解的良好手段，而"知"与"行"之间，即理解与实践之间的鸿沟是传统人类学无力解决的。换句话说，人类学家所知道的和其想要让其他人知道的，和其他人是否想知道或知道后想要做的和能够做的，这之间存在着广阔的可发挥空间。我们不全然相信人类学满足于观察和解释，如果是那样的话，某种意义上它就沦为了对爱德华·泰勒、马林诺夫斯基（Bronislaw Malinowski）或格尔兹（C. Geertz）等人类学先哲的"当代训诂学"。人类学显然也在更新，更新不只意味着发现新对象、探得新理论或扩展新边界，同样重要的是寻得新角度和新方法。实际上，由于文化本就是开放着和流变着的，这就决定了人类学本就是在不断应对新的问题的学科。

之所以要将设计学和人类学合并一处，即拼合成为"设计人类学"概念来进行研讨，主要原因在于单一学科在问题本身的丰富性面前显得无能为力。哲学家认为，由于事物本是整体，当我们试图理解事物的细节，就将整体事物切分成为属于不同学科的多个方面，各个学科都对一个事物提出了各自的问题。因此，我们常常习惯性地从本学科看待并处理问题。但这样得到的解决方案在真正的问题面前总是显得片面而局促，一个学科未必能够回答自己提出的问题，因为问题的答案有可能隐藏在别的学科的领域里。[3] 社会学家也早就提出，要陈述并解答任何一个我们时代的重大问题，都要求从不止一门学科中选取材料、观念和方法。[4] 对设计学而言，从其他学科借用视角和方法已经是一种惯例。但我们又不满足这种暂时和无序的借用，同样也不满足于单向的汲取。我们所想象的"设计人类学"更像是英戈尔德（Tim Ingold）所描述的"设计学意义上的人类学，"[5] 它强调设计学与人类学的协同一致性，即设计实践生发于真实生活，而认识真实生活的方式是人类学式的（而非经济学式或心理学式的），用人类学来认识现实，用设计学来介入现实，而创造的设计结果是一种人类学化的设计，它寻找需要，寻找满足需要的路径和方法，而不创造需要。在这里，设计需要承担的是更有效的文化责任和道德责任。从这个角度看，它又确实可被看作是一种实践性的人类学。因此，我们认为最理想的结果是，"设计人类学"既是设计学也是人类学，它是两门学科交叉的那个交集部分，在这个交集的空间里两种学科可以共享视角、方法、工具、问题，并不断扩大这个交集的范围。

基于这种认识，设计人类学就不应该成为一门独立的学科而存在。虽然西方早有 Design Anthropology 这一专业课程划属，但从我们的理解上看，它更像是一种能带来新举措的学术角度，或更根本上是一种学术态度。即使日后有更多的学人，无论是设计师、设计学者或是人类学家，加入到这一领域的探索或实践中，它也仍然应该以一个开放的问题域为存在方式。设计人类学诞生的初衷就是以人的需求为出发点和落脚点。一方面，它寻觅需求，当需求出现时，它可以作为态度，作为视角，作为工具，或作为手段去处理这种需求；另一方面，它解释需求，解释设计发生的原因、过程、结果和后续影响。这时设计人类学就可以作为一个自足的整体显现，它自发地秉持了人类学的文化整体观（Holism）。同时，它的文化实践导向能够自然而然地带来更多的知识生产和工具生产，其存在的合法性已经不言而喻，也就无须再去进行无谓的学科争论了。

认识设计人类学的首要问题是厘清这一领域所标定的意义所是和贡献所在。它需要提供的核心内容是一种问题意识，一系列切入视角和思考路径。有了这个簇新的角度和路径，思想就出现了更多可能性，我们就能离析出某种"知识型"或得到某种不同角度的意义思考。设计人类学虽然拥有更加具体和更具功能性的工具意义，但它更大的意义也应该是提供视角和思想方式。即用设计人类学视角切入对象所生产的知识不是独有的被称为"设计人类学知识"的知识，而是一部分作为原始材料，一部分作为设计实践方法，一部分作为知识，还有一部分作为思想。

需要先澄清的一点是，这本书的出发点并不是作为人类学的补充或扩展。事实上，本书的焦点很大程度上放置在文化与设计的关联性思考和实践方式上，从这种意义上看，它的主要旨趣还是设计学理和实践方式探索。从功能角度来说，它对于设计学的意义或许大于人类学的意义，很多场景下它不免被看作是设计学对人类学的借用，这当然也是写作者的学术经验决定的。但即便如此，本书仍然试图通过建立文化人类学与设计学的有效衔接，构建一种崭新的研究角度。这种研究角度以设计学方法论探寻为起点，在书写中有所侧重。但同时，它也尝试建立一种整体性的观照，呈现一种开放性的关系结构，供人类学者参鉴。

纵观整个设计学的历史，一代代的设计学人在设计方法之外都在努力建构设计学的学理，而非仅仅局限于实践经验的总结或实践工具的创造。因此，本书更侧重于学理层面的思考，期待从这种思考中，发现其作为一种"学"的理论趣味。进而在后期将理论的"知"与实践的"行"结合起来，使"知行"二者之间形成一种有机化合，互为作用。赵汀阳先生有一番"作"与"述"的阐发极为精彩，这似乎也可以成为设计人类学的学术方式解读：

"作"与"述"之间形成互相建构与互相反思的关系，"作"所创制的生活仍然不是一个完成式的事实，永远需要"述"将其观念化和合法化，才得以成为公认规制和传统，但也可能被"述"所否定而被颠覆；另一方面，"述"所建立的观念和传统也可能在新"作"中被修改和颠覆。[6]

设计人类学的理论与实践关系大概也是如此。

第一节　什么是设计人类学

设计人类学是设计学和人类学之间交叉关联所产生的学术领域，其着重关注人类设计创造的行为、造物及其文化，研究包含设计创意、设计生产、设计传播、设计使用、设计交换、设计循环等各个环节和层面的文化问题。设计人类学的落脚点并不在探究设计的技术、性质、形式、规律、历史等，而是从设计的文化，即从人与设计的关系角度切入到社会问题和文化问题的研究。当然，这也并不意味着它成为单纯以设计为研究对象的人类学，虽然它的核心旨趣是人的文化问题，但研究目标却又是介入性和实践性的，它理想的研究成果并不只是人类学文本，而是产品、图像、文本、活动、事件甚或节日、系统、规则等各种意义上的文化实践或实验。

边界

如果从研究对象上来分辨，设计及其造成的文化问题是设计人类学的关注范围。在此意义上，它有时候可以被理解为研究设计及相关文化的人类学，和设计有关的问题是其基本的边界划定。这其中蕴含三个变量，一是设计学科本身的边界在拓宽，例如信息设计、服务设计、社会创新设计，以及元宇宙或未来互联网生存所催生出的新设计等，都是传统设计学中所没有的，这就意味着设计相关文化的问题域是扩张着的；二是人类学同样是发展的学科，它已由早期对文化他者的研究衍变为对技术、政治、生态、网络等无所不包的当代"异"文化的研究，从对这些新对象的关注中，人类学也在不断进化出新的观察角度和解释方法；综合二者，第三个基本问题也就是设计人类学的生长性，其学术领域具有发散性和延展性。

另一方面，问题域的扩展不能以牺牲设计学本有的实践导向和工具基础为代价，不能变成纯粹理论研究。从这个角度看，也即从研究内容和研究目标的角度看，设计人类学又可以被理解为用人类学的方法来补充设计学。这种角度提倡人类学研究与设计实践相结合的范式，从调查研究到设计实践再到理论阐释再针对结果调查的无限循环。设计师／研究者所处的位置和其视角才是理解设计人类学的基础，研究的结果取决于研究的目的。如果我们将设计人类学看作是人类学的一部分，那么它的界线就标定于对设计文化的人类学研究；而如果我们将设计人类学看作是设计学的一部分，那么它就是用人类学来指导设计研究与实践。

这种分类判断实际上对人类学而言意义有限，因为人类学的研究对象本来就包含了设计文化在内的整个文化世界，因此设计人类学对人类学的贡献一定是以实践目标和实践方法为导向的。而如果我们把设计人类学放在设计学中，那么它的意义就丰富得多，人类学对设计学视角、内容和方法的贡献能够给整个设计学带来新的实践可能。正如设计业内对设计师综合素养的呼唤，在工业设计的早期，设计工作首先关注的是物质产品。然而现在，设计师关注组织架构和社会问题，关注交互、服务和体验设计……设计师常常无法理解问题的复杂性及已知知识的深度。他们声称新鲜视角可带来创新的解决方案，但他们不知道为什么这些解决方案鲜有获得实施，或者即便实施了，又为什么会失败……设计师经常缺乏一些必要的理解。关于人类及社会行为犬牙交错的复杂性，关于行为科学、技术和商业的复杂议题，设计院校并没有对学生进行充分的训练。[7] 设计人类学正是对局部观设计思维的补偿和发散，因此，将这门学问放置在设计学中来认识和开展研究实践是较为合适的。

旨趣

设计人类学并不漫长的学术脉络体现出了其学术旨趣。20世纪 40 年代起，人类学就引起了一些工商业管理者的关注，他们将人类学引入到了产业革新之中。在多学科的共同作用下，一方面，设备设计的易用性和操作效率都得到了长足进步，另一方面，人性化因素在企业管理中也越来越得到重视。人类学因此就从早期的"认识功能"演变为商业实践意义上的"应用功能"，其主要的学术旨趣在于人与人、人与物之间的关系研究，为特定项目提供功能或情绪方面的人类学研究依据。这种工具意义在后来的设计项目中也得到贯彻，英国人类学家露茜·萨奇曼（Lucy Suchman）在施乐帕洛奥图研究中心（Xerox Palo Alto Research Center）开展了二十余年的企业实践，从这些学术经验的总结中，她提出了"设计的人类学"（Anthropology of Design），认为人类学应该作为设计学的指导，"民族志项目连接了各种文化想象与微观政治学，从而为设计学的前景和实践方式划定了轮廓"。[8] 可见文化意义的建立是萨奇曼所理解的设计人类学的主要旨趣。

从更根本的意义上说，设计人类学的核心目的是强化"以人为本"的设计态度。包括人类学与设计学在内的各种"人学"，都不仅关注人类自身，也对人与自然环境关系的改变作出切实的思考和行动努力。这之中有一种基本的事实逻辑，人与自然关系的改善很大程度上取决于人与人之间关系和系统的优化。而改善人居环境的任务则还需要设计来完成，设计的根本目的就是为人的存在而服务，不仅是存在，是更好的存在，也即善在。即使 20世纪后期以来人们将自然环境保护纳入设计考量之中，其本质上依然是为了人的善在，从人居环境、工具生产、五感体验、情感关系等各个方面为存在质量进行提升。人类学与设计学本质上都是为人的善在提供可能。但问题在于，真实世界的实践者并不容易形成价值观上的共识，所谓"天下熙熙皆为利来"，趋名逐利各有隐衷，也是本然世象。即便形成了价值观上的共识，在实践路径上也常常互存歧异，识力方法各不相同其结果自然千汇万状。这就需要一种跨学科的视野和方法去调和各种分歧，从而形成一种价值观意义上的"共同体"，设计人类学的工作重心就在于此。因此，设计人类学的旨趣应以为人的善在为根本，同时为人的善在提供创造性的认识和实践路径。

如果放大到更微观的层面，设计人类学还应聚焦于人类设计活动中的各种具体事物。所谓事物包含着事与物，事是指与人类设计相关的技能、活动、组织方式、传播行为、管理制度、关系系统等；物是人类历史上的工艺品遗存、工具制造、生活遗留，以及当代设计产品及设备。认识物，是认识物的形式特征、工艺材质、使用价值、审美价值、文化价值、社会价值；认识事，是认识到物的技术、物的语境、物的传播、物的各种效果或影响乃及造物之人。认识物需要将物放置在事之中去理解，而要认识事，则往往需要从具体的物的认识开始。因此，事与物在设计人类学的研究中应相互观照，互为线索和印证，由此便有可能整体把握，由物知事，因事见物。

问题意识

设计人类学之所以称为"学"，在于它树立了具有设计人类学特质的问题意识。这种问题意识是形成一种独立视角或观点的内在基础，也可以说是一种内化了的思维习惯。设计学的问题意识根源于造物的形式和方法，人类学则根源于对人的存在方式的洞察。如果将两种问题意识合流，保存二者原有的动机，并提供适当的相关性的思想空间，那么这个空间所化生出的就是设计人类学特有的问题意识。比如说，问题的角度从如何造物变成了因何造物？为何人造物？造物对人的存在有了何种影响？人与人，人与物，人与环境之间的关系由于所造之物发生了怎样的变化？诸如此类的问题会在这种独特的问题意识中生发。

由于问题的关键不再是如何造物，设计人类学通常把造物和谋事这两种设计观组合成一个问题链来思考。上海的星火日夜商店是一个有意思的案例，商店全称是"星火日夜（24小时）服务食品商店"，从店名就不难看出，这家店不仅提供人们需要的商品，也提供以商品为媒介的服务，诸如"灯泡上门安装""借针送线"等。这家诞生在1968年的商店，其经营理念在今天看来不得不说是一种超前行为。人的"需要至上"的理念贯彻在其50多年的商业实践中，超越商业本身的行为让人为之感动。我们不能说这种理想化的商业模式是以设计人类学为起点的，理念和实践本身不需要以任何一种学问为依据，但在认识上，我们却可以从设计人类学的角度去体认它、思考它和研究它，我们完全可以认为它是一个带有社会创新设计效果的商业实践行为。既可以从设计人类学的视角切入去分析其运作模式，形成社区的民族志，也可以从中抽取出社群情感因素在经济秩序运作中的存在意义，由之推衍出具有人文关怀的或情感补偿式的社会设计实践范式。

另一个值得思考的问题是外卖送餐行业，2017年版《国民经济行业分类》GB/T 4754—2017已经把外卖送餐服务列为一个新兴行业，这证明这种服务模式已经得到广泛的认可并成为某种意义上的全民生活之需。便捷和饮食选择多样化是外卖的优势，不擅长烹饪、没时间下厨或懒得生火做饭的人都可以享受这一便利，尤其是疫情等突发事件的出现更是让外卖成为最重要的居民服务之一。人们的生活好像越来越离不开外卖了，但成为生活习惯不意味着这种习惯就是好的。恰恰是由于外卖送餐行业的爆发式发展，其存在的问题也在不断暴露。从早期的餐具塑料垃圾泛滥所导致的环境担忧，到资本—技术合谋对骑手的压榨所导致的各种社会问题，包括在外卖条件受阻的情况下，那些不具备烹饪技能／习惯的青年人的生存问题，实际上都是触动设计人类学敏感神经的问题。理想的设计人类学应该及时发现此类潜在问题，从点餐者、送餐者、供餐者共利的出发点去探索解决各种问题的方法，至少是提出这些消费心理之外的"痛点"。

设计人类学是为了用强化和更加敏锐的问题意识，通过设计研究与实践为社会贡献更丰富、更具体也更真确的研究议题，它应立足本土，用客观化的视角重新审读我们的生活处境。

距离与间性

设计人类学与研究对象之间的距离不是固定不变的，而是一种变距的参与式研究。在不同的阶段，研究主体与客体之间需要调整距离，甚至变换身位。从设计创作的角度，通常创作主体拥有比较强的自我意识，因为"造物"行为必然伴随着强大的主观性和造物的冲动。这就为创造者和使用者制造了认知距离，距离越远，能够被填充进去的内容和意义就越丰富；而距离越近，造物就被认为更通俗和浅白，更易于被接受。从设计研究的角度，研究实践强调贴近设计用户，这是为人而设计的一种常见表述，因而更多设计实践和受众（也即研究客体）之间的距离是比较贴近的。近距离的弊端是研究主体与客体之间缺乏间性所带来的张力，设计的实践层面和研究层面都缺乏应有的层次。设计与用户之间的间性是必要的，间性提供更多的可能性，因此需要设计师和研究者都保持必要的文化距离。

但距离要保持得当，设计主体、研究主体和用户主体之间的间性应该体现出三者相异的部分，但又不是互不相通。设计不是远远地脱离生活，而是"形而下"地作为生活方式的存在。也就是说，设计研究者有时既是自己学术实践的主体，又同时是反身性思考的客体。这是设计学方法的重要特征，即提供了一个审视造物功能或效度的环节。这也是设计人类学不同于以往人类学的地方，在人类学注意研究者客观化身份的时候，设计人类学是跨越了这种身份意识的。这是设计人类学的旨趣决定的，它需要客观地观察，需要沉浸地感受，也需要主观地创造。李立新认为设计人类学是"利用人类文化网络与现实生活关系来探索设计的深层原因和解决设计问题的一个路径"。[9] 这一判断是合理的，设计人类学并不能化约为"用人类学方法来研究设计对象"。其一方面是一种想象、态度和视角，而另一方面是一整套实践目标、实践方法、实践路径、实践内容、实践成果和实践理论。

两种角度

设计人类学在两种角度之间徘徊——"作为设计的人类学"或者"人类学化的设计"，知识的双向或多向转移是正常的，研究者基于其视角和经验，研究的落脚点、研究的材料、研究的内容都可能对"什么是设计人类学"之类的问题给出不同的答案。

最好的总体解释设计人类学的方法是理解设计学，同时理解人类学，了解各自的学科核心或旨归，然后进行综合。首先，设计学是一门自然科学和社会科学相互交叉的学科，功能和伦理的两种侧重让它从内部被分割为工科和文科，设计学内部的这种分化确实扩展了"设计"本身的疆域，但它也需要一个共性的"核心"来把学科围簇在一起。英国设计理论家约翰·赫斯科特（John Heskett）认为，设计是决定什么是人这一问题的基本特征之一，也是影响人类生活质量的重要决定因素之一。[10] 实际上，我们只需要理解设计对人的核心意义是什么，就能够大致理解设计人类学的核心意义。我们认为，这个核心就是**实践性的创造和创造性的实践**。从这个人本主义的出发点开始，设计便可以和其他学术门类进行融合，开展多维度的创造和实践。

如果站在人类学的角度而言，无论怎样划分，人类学（即社会文化人类学）的身份都是社会科学的，人类学的"核心"——它的理论与方法动力源——总在其社会与文化的研究领域之内，[11] 也就是说，人类学的主旨在于对文化的认识、研究和书写。有了这个裁度，我们就可以把"设计＋人类学"这一集合自然地划定在社会科学的范畴内。并进而认为，设计人类学是一种针对文化作出反应的，结合了观察、研究和实践的社会科学，一种能够带来创造性实践的学说。

第二节　设计人类学的相关学科

设计人类学是学科交叉的产物，在现实的理论研究与实践工作中，研究者需要站在不同的学科立场上来看待问题，因此，认识相关学科是理解其问题域和思考方式的基础。与设计人类学关联度比较紧密的学科包括设计学、人类学、民俗学和民艺学。艺术人类学由于其关涉问题较为广泛，故有时会与设计人类学相混淆，在此也作一些辨别性的讨论。

设计学

设计就是将形式赋予客体并使其按其实际方式出现而不与其他事物相似的方法之一。

——维兰·弗拉瑟（Vilem Flusser）

设计人类学所理解的设计学是一个大设计的概念，其包含了事与物两个层面。单就设计物的层面已经难以穷尽，试举一些设计造物的类型，诸如建筑设计、通信设计、服装设计、工业设计、景观设计、工程设计、时尚设计、生物设计、空间设计、网页设计、软件设计、界面设计、声效设计等；设计事的层面更是宏大深通，诸如政策设计、路线设计、体验设计、交互设计、组织设计、流程设计、服务设计、社会设计、战略设计、系统设计等。由于设计这个词的多义性，在学科划属中，设计学一度被称为"工业设计学""艺术设计学"和"设计艺术学"，这样做的优势是分辨了事与物，让设计主要面向物而存在。在以造物为主旨的设计学中，其又因为旨趣的区别而分为三个向度：艺术的、工业的和工艺的。

艺术向度的设计是最容易被大众所接受的，当一个人被称为"设计师"时，人们首先会想到的是广告、平面、产品或服装之类和生活息息相关的行业，而不会想到某种政策设计师、火箭设计师或其他。在此意义上的设计实际上是"工艺美术"的现代产物，它也可以被理解为"应用艺术"（Applied Art）或者"商业艺术"（Commercial Art）。艺术向度的设计携带着艺术创造的某些特质，诸如"本能冲动""内化驱力""天性使然"以及"对正确的感觉"等，[12]因此设计在此是一种人的存在方式。

工业向度的设计强调的是科学和数学原理在构思、制造和操作中的精确应用。这种造物行为强调标准化、规范性和程序化，以解决明确的具体问题为旨归。工业向度的设计还强调设计和执行的一体化，也就是说，解决问题的工具通常是所要解决的问题，或者反过来说，所要解决的问题往往是解决问题的工具。设计不仅为解决问题而设计，还要为解决问题的设计而设计。在此意义上设计是一个工程，它包含了规则、机制和流程，最终指向应用功能。

工艺向度的设计强调材质和技巧的关系，体现了一种建立在时间性上的设计维度。陶器、漆器、金工、木工、石雕、泥塑，每一种工艺都包含了材质的特性和处理材质的技术，它们是农耕时代造物的"科技"，以造物者对世界的体认和造物技能为绝对依据，是手工设计的终极形态，其蕴含的人文温度是现代设计所向往和遵循的方向之一。

设计之所以能在上述三种看似割裂的面向中找到一种共性而被无差别地认识，其根本原因在于设计在创造文化。这就是弗拉瑟所说的，在当代生活中，设计或多或少地指示着艺术和技术（以及它们各自的评估和科学思维方式）平等地融合在一起的场域，从而使一种新的文化形式成为可能。[13]设计的文化属性是我们在当代和未来理解设计的根本点。

对于设计学来说，问题当然是围绕设计展开的，但长期以来，我们的设计实践似乎又不在设计学的学科划属中。在设计学走远之前，还是应该回到基础性的理解，设计学就是设计之学，设计的经验是设计之学，设计的方法是设计之学，对设计方法的研究同样是设计之学，设计之物是设计之学，设计之事也是设计之学，凡属问题必有解决之道而后有学。因此，设计学应该是一个围绕设计问题展开的学说，而不应局限于学科分类中的设计史、设计理论、设计批评和设计教育等。应该说，设计学就是设计（Design is design），设计研究中包含着方法、实践、史观和理论，当然也包含教育。类似共识已经被学界无数次表述了，以人为本的设计研究包括一系列的方法和实践，其目的在于洞察什么东西可以服务于人或者可以取悦于人。[14] 引申一下，以人为本的设计研究包含实践的研究和理论的研究，包含对人之物的研究也包含对人之事的研究，围绕人的物和事的设计实践所形成的方法和理论就是设计之学。

人类学

人类学从字面意思上是比较好理解的，它就是"研究人及其文化的学科"。[15] 人类学的 Anthropology 词源为古希腊文 Anthropos，意为"人类"。美国人类学协会对人类学的定义是，人类学是研究什么让我们成为人类的学科。英国皇家人类学协会对人类学的定义是，人类学研究的是世界各地的人们，他们的进化史，他们如何行为，适应不同的环境，相互交流和社交。

"人类"自身所携带和创造的问题是无穷的，因此，人类学所涵盖的内容非常广泛。正如列维—斯特劳斯（Claude Levi-Strauss）所说，人类学的研究对象是所有有人居住的地方，其研究方法汇集了所有知识类型——人文科学和自然科学——的手段。[16] 英国的人类学学科主要分为两个大类：分别是体质人类学（Biological Anthropology）和社会与文化人类学（Sociocultural Anthropology）。其人类学学科中包含 12 个专门领域：分别是艺术人类学、童年人类学、发展人类学、生态 / 环境人类学、经济人类学、性别人类学、医学人类学、表演艺术人类学、政治人类学、宗教人类学、视觉人类学和考古人类学。美国的人类学学科包含体质人类学、文化人类学、考古人类学（考古学）和语言人类学四个大类，建立在美国的基要主义和实用主义的本质之上，美国人类学还强调应用和实践的人类学，无论体质的还是文化的，都应能在应用领域找到其对应性。

人类学本身是一个擅于吸纳其他学科工具和方法的学科。体质人类学关注人类的身体，因此在研究中广泛地借助生物学、解剖学以及遗传学等知识；考古人类学中需要经常使用物理学、化学、生物学等研究方法；社会与文化人类学广泛涉及人类社会中的风俗、制度、婚姻、家庭、神话、宗教、信仰、礼仪、经济、法律、艺术、社交等，这些研究面向都会与不同的社科学问相交叉，诸如社会学、经济学、政治学、艺术学、法学等都与人类学拥有密切的合作关系。

正是由于人的复杂性和人类学的开放性，各种专门领域应运而生，除了上述的 12 个领域，还有都市人类学、教育人类学、数字人类学、商业人类学、法律人类学等。这让人们看到了一个"后缀化"的学科，每一个前缀都是一个专门的问题域，设计人类学当然也是如此。要理解这种"后缀化"其实很简单，就如王铭铭所说，"人类学中有一个共识，即对于众多所谓'分支学科'而言，'研究对象'其实都不是关键；关键的是，如何运用人类学眼光来看他们的'对象'。这就是，大凡'某某人类学'中'某某'二字，都是虚的，实的是'人类学'三字"。[17]这当然是人类学家的角度，对于设计学人来说，达成这种共识似乎也并无不可。只是在学术实践的过程中，设计与人类学会发生怎样的"化学反应"，导向怎样的未来局面，我们仍未可知。但肯定不仅仅是对待物质文化那样单一的认知角度了，未来的设计人类学家不会停留于把设计品看作物器，看作符号和象征物，对物品所涵盖的意义加以分析。至少在已有的一些案例中，我们发现设计人类学确实不仅仅满足于对"设计对象"的人类学研究，而是切实地向着参与文化实践的方向在发生偏转。换句话说，在设计人类学中，人类学家开始成为设计师，同时，设计师也开始成为人类学家，这是设计人类学的旨趣和机制所造就的独特之处。

需要辨清的一点是，由于人类学中存在着两个基本面向：体质人类学通向自然科学，社会与文化人类学通向人文社会科学，因此尽管人类学也能够和设计学产生一种对向的组合关系，设计学中的使用功能角度和人体工程学注重身体研究，体质人类学能够对此提供帮助，但如同体质人类学在人类学界所遭受的"质疑"和"冷落"，纯粹对人体工程学的研究同样不是设计中最重要的关注点。虽然对于设计而言功能研究是相当重要的，但将设计作为理解文化的角度对于学科的纵深更为重要。在此意义上，设计学和人类学的协同问题主要聚集在社会与文化的畛域内，设计人类学所相与的主要观照是社会与文化人类学。

民艺学

设计人类学与民艺学的关系缘于扎根中国文化土壤的学术濡化。基于常识性的认识也可知晓，学术应该立足本土，胸怀世界。

所谓设计学的本土，有很大一部分是属于民艺学的，可以说民艺是我们认识中华民族造物观的一个重要入口，岁时节令、人生礼仪、祀神祭祖、日常起居、工具用具、文化娱乐等 [18] 都是民艺的主要组成，它们构成了人们的生活，是联系生活的重要方式。因此，民艺是一种生活的艺术，遍及人们日常生活的各个角落，是一种真正为生活造福的艺术。[19] 民艺为了人们的需要而存在，设计也如是。理解上的区别仅在于民艺诞生于农耕时代，是一种传统的人之存在的物化呈现和文化载体。但对"传统"二字的理解需要厘清，今天和未来的文化都将成为传统，传统是活态的，是一条不曾干涸的河流。格罗伊斯（B. Groys）对传统与创新之间关系的理解颇有建树，他认为对新的理解必须建立在与旧，以及传统之间的关系基础上。新本身必然已经包含了某种让它能够在一种文化中一定会成功的东西。因此，新总是从旧，从引述、对传统的指涉，从对已经存在事物的修正和解读中出来的。[20] 也就是说，没有传统就没有创新。从另一个角度，没有传统就没有一种文化的自觉，一个族群就没有自己的文化身份，那么他 / 她们就是文化的流浪汉，文化的"被遗忘者"。

应该说，正是民艺作为旧时的"设计"所载纳的重要文化价值，而非其单纯意义上的审美价值，才使得它成为设计人类学的重要关注内容。民艺，包括民具，不仅记录了人类生产生活的进程，推动了社会文明的进步，具有重要的历史意义，而其中所包含的人文精神、价值观念、民俗风情、科技原理、造物思想以及审美为主的造型艺术特征都具有启示意义。[21] 由于民艺是活态传承的，所以那些仍然存在于人们生活中的设计造物及其效能影响，都值得设计人类学去注意。即使设计人类学最终是实践导向的，但能够通解一个地方的民艺将极大地有助于对当地人及其文化的洞达，这是研究和实践的基础，也是文化研究的进路。正如张道一先生所言，民艺是我们民族生活的一部分。它为大众所创造，形成深厚的积淀，又反转来哺育了一代一代的人民。[22] 本土民间文化的问题之所是、问题之所在以及问题的调和与解决之道，很大程度上都蕴含于活态的民艺之中。

生产、生活习俗促成了日常用品用具的制作和使用，并且构成了民俗活动的形式和内容，成为民俗活动的物质形态。[23] 民艺学所秉持的对物质文化的关注与设计人类学存在学术角度上的偕同性。张道一先生在最初就认为民艺学的关键在于，如何看待人民大众的生活，和在生活中的需要与创造。[24] 因此，对民艺的认识不会孤立地观看它的物质性、功能性和审美性，不会仅就其形式展开讨论，而会看到民艺被创造和使用的文化原境，从那里认识到人们的民俗世界和精神世界。这种与设计人类学共贯的学术观让两种学问在围绕民俗文化所展开的特定命题上产生深度交融。

艺术人类学

初看上去，艺术人类学和设计人类学非常相似。但实际上尽管二者有不少共通的问题域，但更多的还是差别。首先就是两种学问的英文命名方式有所不同，艺术人类学的著作从未命名为"Art Anthropology"，而是"The Anthropology of Art"，较著名的作品包括莱顿（Robert Layton）的《艺术人类学》（*The Anthropology of Art*），哈彻（E. P. Hatcher）的《作为文化的艺术：艺术人类学导论》（*Art as Culture: An Introduction to the Anthropology of Art*），维尔弗莱德（Damme van Wilfried）的论文《艺术的多种人类学》（*Anthropologies of*

Art），墨菲和铂金斯（H. Morphy & M. Perkins）主编的《艺术人类学：读本》（*The Anthropology of Art: A Reader*）等。而设计人类学的作品通常称为"Design Anthropology"，而较少称为"The Anthropology of Design"或"Anthropology for Design"。命名的不同实际上指向了两者学术意图和学术覆盖力的不同。

在人类学的理解中，艺术人类学是社会与文化人类学的分支领域，其方法是对小规模社会中的艺术的观察和研究，[25]旨在研究不同文化语境中非西方艺术形式的历史维度、经济维度和美学维度。艺术人类学研究的重点是，通过人与可视为"物"的艺术之间的关系来看艺术在形式上产生的、对于人的"作用"，并从这个作用的过程来看艺术家之所以不同于常人的原因。[26]随着全球化进程的推进、东西方文化理解的加深以及人类学学术研究范围的扩展，艺术人类学逐渐发展为对各种层面的"异"的艺术的观察研究。这种情况下，艺术人类学是探索某种交叉领域，从而产生出更多合作成果，发展出可供双方选择并且共享的实践策略。[27]王建民较为透彻地阐明了艺术人类学的取向和路径，主张艺术人类学研究应当从艺术入手，通过艺术形式分析、类型分析、结构分析、工艺过程和场景描述本身，进一步说明艺术背后的文化理念，说明这些艺术形式之为什么的问题，也可能去回答艺术研究者所关心的问题，如形式、情感、激情、想象之类……人类学的艺术研究大多以艺术为透镜，希望从中看到艺术之外更广阔的社会文化内容。[28]艺术人类学的意图在此被阐述得比较清楚，实际上就是以艺术为切入点的人类学研究，是"以艺术为研究对象的人类学"。

反观设计人类学，其学术维度更为多元，它不仅有"以设计为研究对象的人类学"（Anthropology of Design），还有"为设计服务的人类学"（Anthropology for Design），以及"人类学意义上的设计学"（Design by Means of Anthropology）等。因此，设计人类学是一门理论和实践双重导向的学问，它既可以是一种态度或一种视角，也可以是一种问题域与理论生产工具，还可以是一个思考系统或一种实践性的研究工具。

第三节　设计人类学沿革

设计人类学与商业社会的发展具有一种伴生关系，其总体上是设计行业主动引入人类学参与设计实践和商业实践，在实践中催生出的一门学问。广义上的设计人类学肇始于 20 世纪初，许多人类学家的作品中都表现出对不同文化的造物的关注。博厄斯（Franz Boaz）在《原始艺术》中提出了技术因素在造物和审美中的决定作用；马林诺夫斯基（Bronisaw Malinowski）在分析"库拉"文化圈时关注了没有使用功能的交换物"姆瓦利""索巫拉伐"和"法乙古阿" [29] 等，用以说明人造物具有旁置实用性的礼仪和文化意义；马塞尔·莫斯（Marcel Mauss）的《礼物》揭示了超越商业交易的物品交换的社会功能和人文功能。这种对产品和商业关系的判别预先回应了设计不仅服务于商业需求，也服务于我们为了达成更美好社会、政府、教育和环境等目标的决心和努力 [30] 的新时代设计诉求。人类学在田野工作中有一种见人、见事、见物的学术习惯，因此以物见事、以物见人和人与物互证是人类学家的学术实践理路。

至迟从 1930 年代开始，人类学家就开始参与到工业生产、商业经营和经济管理等工作中，他们关注于对人类行为产生作用的先决条件以及管理运作技术的研究与分析。[31] 在此背景下，应用人类学（Applied Anthropology）应运而生。企业家在运营中很快就发现了应用人类学的价值，这是由于人类学一方面可以有效观察和分析市场与用户行为，为销售端贡献效能；另一方面更能够对企业内部员工的情绪管理、心理疏解、意愿表达、工作机制等开展有针对性的对策研究。应用人类学的引入既能在一定程度上提高生产效率，又能有效缓解工人的消极情绪，其无疑是对战后工人阶级高涨的工权和人权意识的一种积极的回应和抚慰。在当时的社会环境中，包括设计在内的许多带有交叉作用的领域都被包含在应用人类学中。[32]

系统性的设计学与人类学的有意识合作发生在 1970 年代，帕帕奈克的《为真实的世界设计》中弥漫着一种从人（尤其是弱势群体）的角度出发而设计的情怀，其中有一些具体设想在今天看来都是设计人类学化的，比如设计师可以花些时间到发展中国家去，做一些适合当地人需要的设计，以及让设计师到发展中国家去训练一批当地设计师，同时设计并制作一些那个国家的设计所需要的后勤设施等。[33] 帕帕奈克认为设计师需要了解所服务对象的宗教、社群关系、经济来源以及当地人要考虑的问题，他只差直接说人类学需要应用到设计之中了。

从实践的角度，延续着应用人类学的传统，许多创新企业的市场和产品开发部门邀请人类学家围绕着"设计"来进行协同工作。人类学家露茜·萨奇曼（Lucy Suchman）是设计人类学最有影响力的实践者和倡导者之一，她在 1979 年至 2000 年期间供职施乐公司帕洛奥图研究中心，主要研究人们如何与计算机互动，其最常用的工具是民族志方法学、对话分析和行为理论。其关注的对象不仅包括人类参与者，还包括工具效能和参与环境。她曾说，

"人们如何工作这件事在美国是保守得最好的秘密之一"，言外之意是人类学家在产业中的意义是重大的，因为他们能够发现人们工作的习惯以便改善工作中使用设备的细节，从而让机械化的工作更具人性。萨奇曼初创的用视频记录并分析消费者行为的方法得到了包括数字实验室（E-Lab）在内的许多公司的效仿。进入兰卡斯特大学任教后的萨奇曼总结了其二十余年的企业实践经验，并对设计人类学进行了梳理和建构。她认为重新发明一种像设计学一样的人类学，不如建立一种针对设计学的批判的人类学。[34]在她看来，人类学应该保持自己学科传统中的批判性，用自身独特的批评和分析方法服务并指导设计的实践创新。在萨奇曼的视角中，设计与物质文化紧密相连，人类学的首要任务是将这种物质文化作为考察分析的对象，视设计为社会文化中的一个子系统，从设计文化的角度，用整体观描述和分析设计现象和设计问题，用基于设计现象和问题的分析重新框定人类学的观念框架，并在设计问题中反思人类学自身包括后殖民对非西方的"他者"意识在内的一系列问题，[35]最终把设计人类学建构为人类学中的专门领域，成为一种"以设计为对象的人类学"。在此过程中，其依旧保持着对设计学实践的支持，将人类学研究中产生的理论和成果应用到设计领域。在很大程度上，萨奇曼的设计人类学实际可以被看作一种对设计学形成支持的应用人类学。

从 1980 年代，包括萨奇曼在内的许多人类学家加入了"计算机支撑协同工作"（Computer-Supported Cooperative Work, CSCW）协会，从中能够见出高新科技产业与人类学彼此之间的认同。CSCW 充分认识到人类学在计算机用户研究方面的重要意义，在工作中给予人类学家很高的地位。民族志被用来研究计算机用户的日常经验，测试软件用户对软件的使用意愿和使用体验，促使软件设计师以非专家视角来体验计算机的使用情况。

　　不仅在高科技领域，人类学在商业设计领域中的影响也不断扩大。到 1997 年，几乎所有大型设计机构都声称在它们的分析方法中包含了民族志。[36] 这之中除了以萨奇曼为代表的人类学家们介入现实的努力，还有设计公司实践者对人类学的认同。IDEO 公司的简·苏瑞（Jane F. Suri）是广义设计人类学理念非常重要的支持者和实践者，她从 1987 年开始供职 ID TWO 设计咨询（1991 年与 IDEO 合并），将理解人们如何工作以及如何使用产品作为设计的启发性途径。她的著作《轻率行为：直观设计观察》（*Thoughtless Acts: Observations on Intuitive Design*）描述了人们与世界之间微妙和具有创造力的互动方式。苏瑞坚信创造力和智性是人的本能，每个人都能从挖掘这种能力中获益。她提出的"关注人们没有做的，倾听人们没有说出来的"[37] 成为后来设计调研工作中的一则信条。

　　另一位在设计人类学实践中发挥标志性作用的是利兹·桑德斯（Liz Sanders），她从 1982 年就职于 Richardson/Smith（1988 年被 Fitch 设计收购），1999 年成立了自己的 SonicRim 设计咨询公司。她在方法论意义上的重要贡献来自于其领导的"参与式设计"（Participatory Design）项目，这一项目充分发展了自 1960 年代出现的参与式设计策略，允许潜在用户参与到设计的开发中，通过预先设计好的一系列模型和方法激发出人们内在的"隐秘的需求"，[38] 最终通过设计师、人类学家和用户共同完成创造活动。这种在今天看来像是"共享设计"的协同方式对设计方法论的发展影响深远。

　　20 世纪末，数字实验室的瑞克·罗宾森（Rick E. Robinson）在萨奇曼的影响下，由民族志建构出一套设计咨询的

AEIOU 观察框架，这个观察框架包含行为（Activities）、环境（Environments）、互动（Interactions）、物品（Objects）和用户（Users）。按照罗宾森的初衷，AEIOU 框架是开放的，此中的五种观察类型都是启发式的，实践者需要根据研究目标的不同自行修改或重新定义观察内容。

时至 21 世纪初，逐渐丰富的人类学在设计和商业实践中的应用案例促使学者们开始进行梳理和总结，从而更清晰地理解这一可能出现的学术增长点，包括设计学者、设计实践者和人类学家都自觉地加入到这一由工具方法转向知识生产层面的学术建构中。2002 年，斯奎尔斯（Susan Squires）和伯恩（Bryan Byrne）编辑出版了《创造突破性理念：人类学和设计师在产品开发行业的合作》（*Creating Breakthrough Ideas: The Collaboration of Anthropologists and Designers in the Product Development Industry*），从一系列行业描述和分析中，认为未来的设计师必须适应并掌握新的从研究向产出的设计项目流程，进一步明确了民族志在全球市场中的产品、服务和营销策略等创新中的重要作用。

与此同时，聚焦设计问题的人类学家开始产生一种隐忧，即当设计民族志变成一种广泛流行和被普遍使用的手段时，人类学家们的工作就成了应用心理学或设计师必备的技能，设计民族志因此就随着产业的巨大力量演变融合为一种行业技能，成为设计调研所必备的一种模式化的方法。这样带来的问题是人类学家对于行业的作用也将随之被代替或消解。这种学科内部的反思带来了设计人类学这一概念的真正诞生，设计人类学开始真正走向学理总结和"学科"建构的阶段。从事设计相关领域的人类学家们开始深刻地领悟到，理论与实践的双重建构，内容与方法的多向探索，这才是设计人类学的前进方向。一直以来，应用人类学视阈下的设计人类学（民族志）是一种研究工具，设计学视阈下的设计人类学（民族志）也是一种研究工具，只有设计人类学自身的学术合法性被真正建立起来，才能让它坦然地面对属于自己学术领域的问题，自如地使用自己的研究工具和方法，继而，建立起本体论意义上的设计人类学问题域或"学科"。一方面建构并完善设计人类学的自身学理，另一方面探索设计人类学介入问题的角度和边界，从理论与实践两个维度共同发端，设计人类学才能保持其学术生命力。

在这种背景下，设计人类学这一名词被设计界和人类学界越来越多地提及。2011 年，设计史学家克拉克（Alison Clarke）召集出版了《设计人类学：21 世纪的物文化》（*Design Anthropology: Object Culture in the 21st Century*）的论文集；2012 年，甘恩（Wendy Gunn）和多诺万（Jared Donovan）编辑出版了《设计学与人类学》（*Design and Anthropology*）论文集；2013 年，托恩·奥托（Ton Otto）和史密斯（Rachel Charlotte Smith）编辑出版了《设计人类学：理论与实践》（*Design Anthropology: Theory and Practice*）；2016 年，史密斯和托恩·奥托等编辑出版了《设计人类学的未来》（*Design Anthropological Futures*）。克拉克在 2011 版的《设计人类学：21 世纪的物文化》基础上，又于 2018 年增订编辑出版《设计人类学：转变中的物文化》（*Design Anthropology: Object Cultures in Transition*）。两本书的区别在于，删除了《设计师作为民族志学者》等四篇文章，增加了泰勒和霍斯特（Erin Taylor & Heather Horst）的《在海地设计金融素养》（*Designing Financial Literacy in Haiti*）、埃斯科巴（Arturo Escobar）的《激发人类学想象：转型空间中的本体论设计》（*Stirring the*

Anthropological Imagination: Ontological Design in Spaces of Transition）两篇文章。并替换了两篇文章，分别为德尼古拉（Lane Denicola）的新文章《互联网、议会和酒吧》（*The Internet, the Parliament, and the Pub*）、丹尼尔·米勒（Daniel Miller）的《室内装饰——线下和线上》（*Interior Decoration-Offline and Online*）。

2015年，墨菲（Keith Murphy）写就了《瑞典设计：一部民族志》（*Swedish Design: An Ethnography*），该书是以设计为对象进行研究的重要的设计人类学著作。作者在斯德哥尔摩等地进行了为期14个月的田野调查，对瑞典设计行业各个环节的参与者进行了参与式观察和深入访谈，包括设计集体、设计师、设计总监、政府官员、艺术家和策展人。通过调查，墨菲发现设计对瑞典人来说从来就不是社会或政治中立的。即使是像家具和家庭用品这样的普通物品，设计也可以被贴上"责任""民主"或"道德"的标签——这些描述都巧妙地与瑞典社会民主的传统道德基调产生了共鸣。[39] 墨菲的这部力作彰显了人类学在设计文化分析中的必要性，以设计民族志的方式建立了一种极具标志性的设计人类学研究范式。

2018年，米勒（Christine Miller）出版了《设计＋人类学：人类学和设计学的交汇路径》（*Design+Anthropology: Converging Pathways in Anthropology and Design*），在书中探讨了设计民族志研究的再语境化，以及人类学理论和方法论在设计应用中的创新，同时思考了人类学和"设计师式"实践之间的冲突如何促进这两个学科不断发展和进化。从学术实践的角度，米勒还表达了设计人类学作为一个新兴的跨学科领域和由区域化协同创新网络组成的全球实践社区的愿景。[40] 这部书是设计人类学领域的第一部专著作品，系统地构建了跨学科协同创新的理念与方法，对设计人类学的学术身份和知识生产途径探索都具有重要意义。

设计人类学在中国

国内学界对设计人类学有一种学术上的自觉，这种自觉主要从设计学的内部发端。张道一先生很早就提出在工艺美术研究中需要注意其民俗文化的维度，于是就有了本土工艺文化的概念。这一概念在许平那里得到发展，其认为工艺文化是把工艺美术问题与社会文化背景相联系的新的认识角度，从中生发了工艺文化学这一领域，宏观上它可以从工艺的角度研究人类文化进程中的规律；微观上它是对具体物的研究，包含人造物品（道具）及工具的人类学、民族学研究，其中包括对于造物的传说、神话、祭祀、禁忌、习惯等一系列课题，或者说就是对于"造物之神"的研究，是关于"物"的文化论、发生论的研究，也是对于造物文化的"理想点"，即从人文认识的角度来发现其"不仅如此"的研究。[41]许平虽然没有明确提及设计人类学的概念，但思维的理路其实就是我们今天看到的文化人类学与设计（工艺）的交叉研究。

杭间是最早提出设计人类学的中国学者之一，早在1987年，他就在本科毕业论文《工艺"机制"——工艺人类学联想》中提出了工艺人类学的主张，探讨了从人类学角度观察和思考设计工艺研究的可能性，认为人类之所以能出类拔萃，是因为具有非凡的适应能力，而支配这种适应性行为的，从本质上说，首先是非物质的，也就是心理的和精神的力量。[42]他思辨性地提出了人机工程学的局限，从体质人类学和心理学的角度质疑了设计和工艺中的纯粹功能导向。2000年，杭间在硕士研究生的招生方向中拟定了"设计人类学研究"方向，虽未能如愿开设，但这是"设计人类学"作为一个研究领域的开端。

真正意义上的本土第一部设计人类学著作是杭间指导的博士刘佳所撰写的《工业产品设计与人类学》，在此之前，她还发表了一篇《人类学与现代产品设计研究》的论文。这部出版于2007年的著作第一次明确围绕设计人类学来进行书写，从身体、生态、伦理、文化、社会、心理等人类学角度对工业产品设计进行了系统深入的理论建构。刘佳在书中提出，设计人类学是正在建设的一门学科，它可能既属于设计艺术学，也可归入文化人类学的范畴之中，通过比照人类学的有关基本理论，重新认识、分析"人"和"人工物"之间的关系以及由此产生的文化、社会现象，在此基础上，希望以"自觉"方式建立设计艺术与文化人类学的联系；并通过"人类学与工业产品设计"关系的揭示，在设计艺术学界和工业产品设计从业者中倡导从文化人类学背景下思考设计的有关问题。作者认为，只有在充分开放的基础上去理解人的生物和社会这两种属性以及之间的复杂关系，工业产品设计才能"最好"地达到以人为本的目的。[43]从中能够看出，文化人类学与体质人类学以及人类学相关的心理学、社会学等实际都可以放置在设计研究和实践的考量范围内。《工业产品设计与人类学》为本土设计人类学提供了一个非常广泛的论域，其后问世的国内外设计人类学著作和文章都不约而同地偏向社会与文化人类学，而较少谈及体质人类学与设计的关系，这不得不说是作者对人与产品设计关系的深入理解所形成的前瞻意识。

在设计学的生长过程中，理论与实践的行进节奏往往并不一致，至少在设计人类学这里就没有引起它本应引起的关注，这应与本土经济和设计发展的阶段有关。2009 年，李立新在《设计艺术学研究方法》中再次表明了设计人类学在设计学中引入的可能性和必要性。在他的理解中，设计人类学是设计外部的研究领域，是运用现代人类学对设计进行考察，通过对日常生活中活态设计现象的田野调查，展现出各类设计的特殊性及其表现形态，是利用人类文化网络与现实生活关系来探索设计的深层原因和解决设计问题的一个路径。考察内容包括：神话、仪式、禁忌、话语、身体、功能、节日、礼物、表演、游戏、象征、功能等。[44] 书中不仅阐发了设计人类学的研究内容，还用一个章节着重介绍了人类学田野调查方法，并论述了其在设计学中的应用方式。同年，李立新在《南京艺术学院学报》发表了《设计史研究的方法论转向》一文，述及"设计史要用人类学的方法来研究设计发生、发展、变化的规律"，[45] 再一次表明"设计人类学"在我国设计学中所可能发挥的作用和其位置。

本土的设计人类学观点和研究也散见于一些论文和著作中，这些学术成果根据主题又大致可以分为三类：首先是人类学介入到传统工艺的研究，我们可以称其为工艺文化面向的设计人类学。陈春华等的《从文化人类学角度解析设计美各要素——以云南少数民族服饰艺术为例》（2009 年）注意到了文化人类学角度引入设计研究的可能性。万辅彬等的《人类学视野下的传统工艺》（2011 年）将传统工艺与社会文化、习俗观念、经济生活、人际关系等进行综合研究。赵志勇的《工艺美术研究的艺术人类学转向》（2013 年）提倡以人类学视角和方法作用于工艺美术研究中。陈旻瑾的《从文化人类学视角解析中国传统招幌设计》（2013 年）也认识到了文化人类学在工艺美术研究中的可能性，文中还涉及了从文化研究到传统文化转化实践的次第过程。刘萱等的《陶瓷艺术设计中的设计人类学》（2015 年）虽然在名称上明确提及了"设计人类学"，但没有在文中进行基本的阐释，其大致主旨是设想设计人类学作为一种态度和视角，将这种态度和视角引入工艺美术创作中，有助于促进人与社会的和谐共处。

第二种类型是人类学与设计学学科融合方式的探索，可称为设计学面向的设计人类学，更多学者聚焦于这方面的探索。这之中，张凌浩的《基于文化人类学观点的设计研究》（2006 年）注意到了文化人类学在设计认识论意义上的作用，对人类学在设计研究中的引入方式给予了建议。李天白于 2009 年发表的《人类学视野下的设计研究——设计艺术中的田野调查原则及其意义》和《文化人类学思想演变与设计艺术的进步》通过一系列案例描述尝试将人类学与设计学建立共向连接的关系。李清华的《地方性知识与后工业时代的设计文化》（2013 年）注意到设计的文化属性，力图将人类学视角引入到设计文化的审视中。邹其昌在《论中国当代设计理论体系建构的本土化问题》（2015 年）中进一步提出，认识设计的创造与实践必须理解人的生活方式，其认为对人类设计行为进行研究，离不开对自然环境、社会关系和技术传统等要素共同构成的关系网络，想要理解这些关系，就需要借鉴人类学的学科理论和方法。王侃在《公共设计、传承创新与设计人类学》（2015 年）中提出了非常有激发性的反问，"设计师仅仅只需要关注产品与用户的关系吗？他是否应该具有文化与价值的观点？"他认为"通过设计师，造物的实践者，实现文化的多元体现，实现文化的自然传递与变迁，避免过度的涵化，这大约就是设计人类学的任务"。[46] 王侃的这一论断为设计人类学介入设计实践从而实现设计的文化价值赋予了意义上的期许。孟琪在《浅谈现代设计中的人类学理念》（2015 年）中认为现代设计借助人类学的视角和方法才能够真正实现"人本设计",从人的角度去反思设计的功能以及它所带来的问题。吕明月在 2016 年发表了《人类学介入设计领域的结合途径研究》,认为设计人类学研究的价值在于建立一种以人为中心的设计学,因而有别于以"产品/物"为中心的设计研究。熊清华的《人类学视域中的环境艺术设计》(2017 年)从人类学的理论视域对环境艺术设计进行了探讨,强调了环境艺术中"以人为本"的设计思维方式和环境空间中生态化的设计理念,力图让设计符号回归到一种具有认同感与归属感的场域中。笔者的《从民族志到设计人类学——设计学与人类学的偕同向度》(2017 年)从设计学立场分析了人类学介入所带来的视野、理论和方法上的扩展,并从人类学立场阐述了设计学对当代人类学转向所产生的影响。通过两种立场下的分析与综合,表明设计人类学并非一种学科建构,而是一种开放而切实的人文态度和人文举措。[47]2018 年,杭间在《中国设计学的发凡》中提到文化人类学对设计学研究的意义,"理论部分,社会学和文化人类学无疑是与设计学最亲近的学科,无论是确定社会结构与生活意义的维度,还是借用其研究的方法,都极大地丰富了设计学的思维和方法"。[48]方晓风于同年发表的《实践导向,研究驱动——设计学如何确立自己的学科范式》中也应和了人类学在设计学研究中的意义判断,认为"当我们意识到设计承载着文化表达的时候,人类学的考察、文化批评、哲学思辨就是必然选项……"。[49]李清华于同年发表了《设计人类学学科基础与研究范式》一文,从学科角度和研究方法角度着力对设计人类学进行了探讨与建构,对设计人类学的学科形成和问题领域的形成都具有重要意义。何振纪的《设计人类学的引介及其前景》(2018 年)讲述了 20 世纪以来人类学如何介入产业,梳理了国内外设计人类学发展的基本沿革，为本领域的研究初步理清了脉络；在其后发表的《设计与管理：设计人类学的一种实践方式》（2019 年）中，何振纪又进一步以应用人类学为起点，把梳了设计人类学的发展过程。同年，关晓辉发表了《设计人类学的视野和实践》，文中提供了设计人类学发展中的一些重要信息，丰富了该领域学术史的内容。陈昭在 2019 年发表了《对"过程"的发现与探究——设计人类学的内在转向与理论范式》，阐释并综合了拉图尔（Bruno Latour）的行动者—网络理论和英戈尔德的偕同关系理论，其将设计视作一个文化或社会生成的行为和过程，认为这种以过程为设计目的的转向是设计人类学确立的根本动因。其从人类学家的角度，认为"设计行为内涵的复杂（人与人，人与物的关系），复杂关系下的生产性（如何调和不同的参与主体，朝着设计达成的方向协同运作），以及生产性背后蕴含的诸如权力、制度、媒体、流通等多方面的议题，与人类学一贯的兴趣不谋而合，成为人类学新思考酿成的土壤"。[50] 文章强调了在人类学家眼中设计的社会性和文化性，提供了一种人类学理解下的设计作为知识生产的可能性，并最终认为，"有关设计的人类学研究，最终都需要讨论目标秩序的实现与现有秩序之间的紧张关系"，这实际上隐含了作者所认同的文化实践作为设计人类学旨归的潜台词。赵旭东在《变奏中的乡土设计——后文化自觉时代艺术人类学的乡村应用》（2019 年）中认为人类学家介入艺术设计能够有效促进本土文化自觉的生成，而人类学家的身份也从描绘者和发现者，转换为文化的参与者、再界定者、解释者以及传播者。该文虽然多次使用艺术人类学的称谓，但很多时候指涉的内涵是设计人类学。这也暴露出学界对两种学问的认识并不十分清晰，虽然设计学界为了让人们理解其独立性和特殊性已经努力了三十余载，但对于许多包括人类学家在内的人文社科学者而言,艺术、美术与设计三者时至今日仍旧常在其他领域专家的表述中发生混淆。2020年,孙海燕在《社区公共空间与共同记忆:对一幢民国居民楼的设计人类学考察》中从人类学视角观察分析旧式建筑,尝试提供一份以建筑为考察对象的设计人类学研究文本。考虑到建筑学的独立性和"建筑人类学"在中西方学界也是一个生机盎然的新兴领域的现实,[51] 我们还是认为此文更适合划归于建筑人类学范畴。王馨月与张弛在2021年发表《设计人类学发轫的初探》一文,进一步搜集和挖掘了西方设计人类学的研究成果,丰富了本领域提供的知识与信息。

第三种类型是人类学在商业实践中的路径和方法探讨,可以称为面向产业实践的设计人类学。胡飞的《民族学方法及其在设计学中的应用》(2007年)认识到民族志洞悉群体文化的能力,呼唤用民族志来研究设计需求,继而驱动设计创新,其描述的"筷子——亚洲食文化研究"案例中运用了民族志常用的参与式观察、深度访谈、影像记录等方法。崔瑜在《诺基亚的人类学基因》(2007年)中介绍了诺基亚在如日中天的时期如何使用人类学方法介入到设计中,从而建立人与手机更为适当的关系。在文中,诺基亚东京设计实验室的吉普切斯(Jan Chipchase)表明,"人类学研究与消费习惯的研究并不一样,消费者研究主要了解产品是否适合最终用户,需要作出哪些改进,而人类行为的研究则更多是为了公司的发展方向,关于公司应该做哪些更具前景的业务,以此来决定应该设计什么或者不设计什么",[52] 其表明了设计人类学在产业中的价值。陶少华和谢元鲁于2013年发表的《文化人类学视野下的民族旅游设计——基于武汉民族文化周的实证研究》,以文化人类学的视角和观察方法作为旅游设计原则的研究依据,可以作为设计人类学从"造物"到"谋事"的全场景覆盖的研究案例；2014 年，上海桥中设计咨询管理有限公司创始人黄蔚发表了《用"人类学研究方法"制定产品创新战略》，在文中介绍了其商业项目中如何运用"设计民族志"的方法实践设计创新，"使客户将以'技术为中心'的传统创新流程，转向了'以病人为中心'的崭新研发体系"。[53] 同年，田广的两篇文章《产品设计的工商人类学路径》和《产品设计与企业人类学》都是从民族志介入产品设计的角度，探讨人类学在设计中的作用、意义和实践路径。与西方的情况不同，本土的设计人类学虽然也在产业实践中被不加分辨地使用，但设计师与人类学家尚未形成一种合作的自觉机制，因此至今写入文章的案例分析相对缺乏，这当然也与本土产业结构中的运行机制和商业实践习惯有关。

除了上述提及的文章和著述，还有寥寥研究成果冠以设计人类学之名，但行文中却找不出设计人类学之实，在此不再赘述。此类文章也并非完全没有意义，它们至少增加了"设计人类学"这一名谓的出现率，让这个新兴领域从外部看上去"众议纷纭"。综合前述，纵观设计人类学在东西方的推展，其随着全球化进程的加快和东西方问题的趋同而变得显著，国内外不同学科不同背景的学者和实践者对这一领域不约而同地关注正体现了这一趋势。正如李砚祖在一个近似的议题中所言，"在许多认识上，我们发现中外设计学者有不少共同和共通之处，何以如此？倒不是相互了解和有了预设的交流，而是我们面对着共同的设计研究对象，遭遇着共同的问题，其研究视点处于大致相同的地位所致"。[54] 既然人类命运早就不可避免地成为一个共同体，那么设计人类学在东西方的共同出现也就不是什么令人意外的事情了。当然，也需要认识到，设计人类学诚然是要发现那些人类社会共通共融的问题，但与此同时，设计人类学也应该发现那些人类社会中各不相同的问题。设计人类学是一个面向未来的领域，更多不同角度的参与和发现，无论是理论的建构还是实践的证验，都将有利于它对设计造物、设计知识以及文化生产贡献更多价值。

参考文献

[1] Bartholin Caspar, Bartholin Thomas. Preface[M]//Institutions Anatomiques de Gaspar Bartholin, Augmentées et Enrichies Pour la Seconde Fois Tant des Opinions et Observations Nouvelles des Modernes. Translated from the Latin by Abr. Du Prat. Paris: M. Hénault et J. Hénault, 1647.

[2] 泰勒. 人类学 [M]. 连树声，译. 桂林：广西师范大学出版社，2004：2.

[3] 赵汀阳. 天下的当代性：世界秩序的实践与想象 [M]. 北京：中信出版社，2016：6.

[4] 赖特·米尔斯. 社会学的想象力 [M]. 北京：北京师范大学出版社，2017：198.

[5] C. Gatt, Tim Ingold. From Description to Correspondence: Anthropology in Real Time[M]// Wendy Gunn. Design Anthropology: Theory and Practice. London: Bloomsbury Academic, 2013 : 141.

[6] 赵汀阳. 四种分叉 [M]. 上海：华东师范大学出版社，2017：67.

[7] Don Norman. Why Design Education Must Change[M]//曼奇尼. 设计，在人人设计的时代：社会创新设计导论. 钟芳，等，译. 北京：电子工业出版社，2016：iv-v.

[8] L. Suchman. Anthropological Relocations and the Limits of Design[J]. Annual Review of Anthropology, 2011: 3.

[9] 李立新. 设计艺术学研究方法 [M]. 南京：江苏凤凰美术出版社，2009：9.

[10] 约翰·赫斯科特，等. 设计与价值创造 [M]. 尹航，张黎，译. 南京：江苏凤凰美术出版社，2018：38.

[11] 王铭铭. 人类学讲义稿 [M]. 北京：民主与建设出版社，2019：8.

[12] Mark Getlein. Living With Art[M]. New York: McGraw-Hill Education, 2010: 121.

[13] Vilem Flusser. The Shape of Things: A Philosophy of Design[M]. Trans. by Anthony Mathews. London: Reaktion Books, 1999: 18-19.

[14] 布伦达·劳雷尔. 设计研究：方法与视角 [M]. 南京：江苏凤凰美术出版社，2018：2-3.

[15] 庄孔韶. 人类学通论 [M]. 北京：中国人民大学出版社，2015：3.

[16] 克劳德·列维 – 斯特劳斯. 面对现代世界问题的人类学 [M]. 栾曦，译. 北京：中国人民大学出版社，2016：37.

[17] 王铭铭. 人类学讲义稿 [M]. 北京：民主与建设出版社，2018：242.

[18] 张道一. 民间美术的二分法 [M]// 冯骥才. 鉴别草根：中国民间美术分类研究 [M]. 郑州：中州古籍出版社，2006：12-16.

[19] 潘鲁生，唐家路. 民艺学概论 [M]. 济南：山东教育出版社，2012：90-91.

[20] 鲍里斯·格罗伊斯. 论新：文化档案库与世俗世界之间的价值交换 [M]. 潘律，译. 重庆：重庆大学出版社，2018：33-57.

[21] 潘鲁生，唐家路. 民艺学概论 [M]. 济南：山东教育出版社，2012：79.

[22] 张道一. 民间美术的二分法 [M]// 冯骥才. 鉴别草根：中国民间美术分类研究 [M]. 郑州：中州古籍出版社，2006：8.

[23] 潘鲁生，唐家路. 民艺学概论 [M]. 济南：山东教育出版社，2012：86.

[24] 张道一. 民间美术的二分法 [M]// 冯骥才. 鉴别草根：中国民间美术分类研究 [M]. 郑州：中州古籍出版社，2006：9.

[25] R. Layton. The Anthropology of Art[M]. Cambridge: Cambridge University Press, 1991.

[26] 王铭铭. 人类学讲义稿 [M]. 北京：民主与建设出版社，2018：244.

[27] A. Schneider, C.Wright, et al. Contemporary Art and Anthropology[M].

New York: Berg, 2006: 1.

[28] 王建民.艺术人类学新论 [M]. 北京：民族出版社，2008：21.

[29] 马林诺夫斯基.西太平洋上的航海者 [M]. 北京：中国社会科学出版社，
2009：45-49.

[30] 布伦达·劳雷尔.设计研究：方法与视角 [M]. 陈红玉，译.南京：江苏凤
凰美术出版社，2018：7.

[31] 何振纪.设计人类学的引介及其前景 [J]. 创意与设计，2018（5）：13.

[32] J. Van Willigen. Applied Anthropology : An Introduction[M].
Westport: Greenwood, 2002: 8.

[33] 帕帕奈克.为真实的世界设计 [M]. 周博，译.北京：中信出版社，2013：88.

[34] L. Suchman. Anthropological Relocations and the Limits of Design[J].
Annual Review of Anthropology, 2011: 3.

[35] L. Suchman. Anthropological Relocations and the Limits of Design[J].
Annual Review of Anthropology, 2011: 15-16.

[36] C. Wasson. Ethnography in the Field of Design[J]. Human Organization,
2000, 59(4): 380.

[37] 布朗.IDEO，设计改变一切 [M]. 侯婷，译.沈阳：万卷出版公司，
2011：38.

[38] C. Wasson. Ethnography in the Field of Design[J].Human Organization,
2000, 59(4): 380.

[39] Keith Murphy. Swedish Design: An Ethnography[M]. Cornell
University Press, 2015.

[40] C. Miller. Design+Anthropology: Converging Pathways in Anthropology
and Design[M]. New York: Routledge, 2018: 76.

[41] 许平.造物之门——艺术设计与文化研究文集 [M]. 西安：陕西人民美术出
版社，1998：154.

[42] 杭间.手艺的思想 [M]. 济南：山东画报出版社，2017：208.

[43] 刘佳.工业产品设计与人类学 [M]. 北京：中国轻工业出版社，2007：前言.

[44] 李立新.设计艺术学研究方法 [M]. 南京：江苏凤凰美术出版社，2009：9.

[45] 李立新.设计史研究的方法论转向 [J]. 南京艺术学院学报（美术与设计版），
2010（1）：3.

[46] 王侃. 公共设计、传承创新与设计人类学 [A]//2015 中国艺术人类学国际学术研讨会论文集（上册），2015.

[47] 耿涵. 从民族志到设计人类学——设计学与人类学的偕同向度 [J]. 南京艺术学院学报（美术与设计），2017（2）：17.

[48] 杭间. 中国设计学的发凡 [J]. 装饰，2018（9）：22.

[49] 方晓风. 实践导向，研究驱动——设计学如何确立自己的学科范式 [J]. 装饰，2018（9）：15.

[50] 陈昭. 对"过程"的发现与探究——设计人类学的内在转向与理论范式 [J]. 北京师范大学学报（社会科学版），2019（6）：122.

[51] Victor Buchli. An Anthropology of Architecture[M]. London: Bloomsbury Academic, 2013 以及 Ray Lucas. Anthropology for Architects: Social Relations and the Built Environment[M]. London: Bloomsbury Academic, 2020. 前者中文版已由潘曦、李耕翻译，中国建筑工业出版社 2018 年出版。

[52] 崔瑜. 诺基亚的人类学基因 [J]. 互联网周刊，2007（13）：80.

[53] 黄蔚. 用"人类学研究方法"制定产品创新战略 [J]. 创意设计源，2014（6）：11.

[54] 李砚祖. 设计与"修补术"——读潘纳格迪斯·罗瑞德《设计作为"修补术"：当设计思想遭遇人类学》[J]. 设计艺术，2006（3）：11.

第二章 | 设计人类学田野调查

田野调查（Fieldwork）是人类学学术实践的基本工作，也是学术实践中最重要的材料、信息与知识的获取手段，是研究者通过身处研究对象的生活原境，利用参与式观察、非结构访谈、田野笔记、影像记录等方式收集研究资料，再对这些一手资料进行深入描写、定性分析和文本建构，以此来理解和解释研究对象及其文化的研究方式。虽然设计人类学的田野调查天然承袭了人类学的学科基因，以人类学田野调查的立场、视角和方法为工作基调，但设计学所关注的问题，设计调研所积聚的视角和方法在设计人类学田野调查中也同样重要。因此，需要对两个学科进行综合，建构一套设计人类学田野调查的方法体系，提供一种较为独特的理解。

从设计调研到设计人类学田野调查

　　设计调研是设计学的基础性工作，也是设计研究的重要依据。设计调研是针对目标设计所进行的调研。设计调研的结论、结果应该为设计师所用，对设计起指导性作用。[1] 长期以来，设计调研都强调"在场"，通过对"一手材料"的获取和分析，得出调研结论，用结论支撑研究成果或指导设计实践活动。李立新概括了设计调研的两种资料获取方法：一是通过观察设计者、设计成果或设计发生的场地以获取资料；二是通过与设计者、使用者或其他相关者的面对面访谈获取资料。[2]在这种经典的设计调研中，人们不仅能够获得设计的物、设计的图像、设计的信息，更能够以具身的参与式观察获得造物的手段、物的用法、人与物的关系，以及以物为媒介的人与人的关系。不难发现，这种经典设计调研方式与人类学田野调查方法不谋而合。

一直以来，理想的设计调研会让自己站在受众的立场上，与这个群体进行互动，并让自己尽可能深入地熟悉项目的背景信息，由此以最理想的方式完成调研。[3]这种立场其实就是人类学"参与式观察"的立场。人类学研究者通常会在某地长时间地工作和生活，反复观察当地人的行为习惯，通过融入文化对象来获得调研材料。[4]但设计调研并不满足于"观察"，而是更加强调"参与"，于是就出现了一种"描述性研究"方法。在描述性研究中，学者可以与自己的受众群体进行互动，也可以就可能的设计解决方案征求意见，同时要求对方对自己的设计作品进行反馈。[5]这样就形成了一种建立在互动基础上的"观察式参与"的设计调研方法。

设计调研方法在IDEO公司得到了系统化应用和发展，其从"分析、观察、询问、尝试"四个层面建立了一套经典的调研方法模型，分别是：分析——解释并分析收集到的信息；观察——观察人们是怎么做的，而不是听他们说怎么做；询问——争取人们的参与，并引导他们表露出与项目相关的信息；尝试——制作设计模型或亲身体验，以更好地与用户沟通和评估设计方案。[6]

IDEO 设计调研方法　表 2-1

类别	具体方法
分析	活动研究/行为分析、人体测量分析、故障分析、典型用户、流程分析、认知任务分析、二手资料分析、前景预测、竞品研究、相似性图表/亲和图、历史研究、跨文化比较研究
观察	个人物品清单、快速民族志研究、典型的一天、行为地图、行为考古、时间轴录像、非参与式观察、向导式游览、如影随形/陪伴/跟随、定格照片研究、社交网络图
询问	文化探寻、极端用户访谈、画出体验过程、非焦点小组、五个为什么、问卷调查、叙述/出声思维、词汇联想、影像日记、拼图游戏、卡片归类、认知地图、驻外人员/地域专家、概念景观
尝试	场景测试、身体风暴、行为取样、成为你的顾客、角色扮演、体验草模、快速随意的原型、等比模型、情景故事、未来商业中心预测、非正式表演、亲自试用、纸模、移情工具

如表 2-1 所示，人类学方法在经典设计调研中占着非常大的比重，诸如"快速民族志研究""非参与式观察""文化探寻"等观察和询问中的主要方法，都可看作是"设计学化"的田野调查法。这实际上也从另一方面显示出了设计学的多学科交叉属性。对设计学的研究需要从此学之外着手，也即"设计在设计之外"抑或是"超以象外，得其环中"。也因此，设计学的自身茁长需要其他学问的聚生蓄息。设计学的这种开放性决定了设计调研方法向外部世界的敞开，这一点在新冠疫情中就体现得极其明显。

本土设计行业在调研的方法上也积累了许多自己的经验，通常将设计调研分为数据采集和调研分析两个阶段。在数据采集过程中较多使用观察法、单人访谈法、焦点小组、问卷法、头脑风暴法、自我陈述法、现场试验法等；在调研分析过程中会根据情

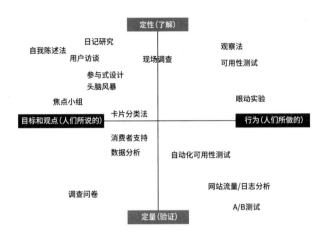

图 2-1 调研方法的差异性（戴力农 . 设计调研 [M]. 北京：电子工业出版社，2016：272.）

况采用量化数据对比分析、知觉图、鱼骨图、卡片法、情景分析法、人物角色法、故事板、可用性测试、A/B 测试、用户点击行为分析、流量、转化率和跳出率以及网站数据分析等。这种标准的设计行业调研的流程通常为：第一步确定调研目标与方法，第二步制订调研计划，第三步邀请调研用户，第四步执行调研过程，最后形成并输出调研结果。[7]（图 2-1）

　　实际上，无论采取哪些方法，围绕设计的调研最终都指向人的体验与感受，这些感受可能是肢体感受，也有可能是视觉感受，还有可能是文化感受。因此，对人的观察、调动和激发是设计调研的重要组成。就如简·苏瑞提出的，需求观察和关注那些"不假思索的行为"，关注人们没有做的，倾听人们没有说出来的。[8] 关注那些"潜在需求"，即人们总在经历却无法清楚描述的需求。这种洞察和关键内容的获取就是设计调研和人类学田野调查的意义结合点，也就是设计人类学田野调查重要的追求目标。在此之外，设计人类学田野调查更深层次的目标还在于围绕人的需求，围绕设计实践对人的影响，进行文化影响分析以及文化判断。只有从更深层次的文化视野去看待人的需求以及对需求的满足，才能正确理解并评价设计的效度，认出其所具有的历史意义和文化责任。

第一节　田野调查概述

人类学中的田野调查也称民族志田野调查（Ethnographic Fieldwork），如前所述是人类学获取研究材料的主要方法。人类学家通过尽可能多地沉浸在研究对象的日常文化生活之中，通过对人群的行为和交流过程的研究，认识到整体性的文化面貌。所谓"田野"，正如费孝通先生所说，"人文世界，无处不是田野"。当然，这句话有一个前提，那就是需要以一种问题意识去看待田野。如果没有这种意识，或者说没有"人文世界"这个前提，那么"无处不是"和"无处是"就是同一个概念。那么问题意识在哪里？实际上就存在于对异质性（Otherness）的发现和思考中。如果说早期人类学是以文化他者为认识和研究的事体，那么当代人类学则广泛地以各种场景中的异质性为推究的对象。也就是说，今天的"田野"既可以是太平洋上的小岛，也可以是纽约华尔街的办公室，既可以在北京的艺术区，也可以在上海的咖啡店，甚至可以在微博、在抖音、在元宇宙、在空间站……

虽然田野调查在空间上已经变得广阔无垠，但它却更加强调了时间上的要求。田野调查需要时间保证，需要用时间来准备、学习和观察。如果是现实中的实地田野，需要花时间去进入，去理解和适应被考察对象的文化，去长时间地参与和记录文化。而如果是虚拟的田野，则需要花时间学习虚拟社区的表达方式和话术，需要长时间地通过参与和非参与的方式获取跨时空的信息材料，在一些极端的情况下，某一话题会持续若干年。因此，时间是人类学学术实践所需要的根本保障。

人类学田野调查的结果，通常是民族志（Ethnography）。田野调查是与民族志深度捆绑的，民族志是通过田野调查所形成的定性研究方法，同时，民族志也是田野调查所形成的书面描述和文化解释的成果。民族志式的田野调查，指在田野工作中，调查者力求以民众观念为主，对所搜集资料的阐释也大体能反映民众观念的原貌，[9] 其既是人类学的研究方法，也是人类学的研究成果本身。真正意义上的人类学理论和知识生产，都是建立在民族志经典著作的基础之上的。

民族志

"人类学家是做民族志的人"，[10] 民族志对于人类学的重要意义在这种表述中可见一斑。民族志早于人类学而出现，穆勒（Gerhard Friedrich Müller）在参加第二次勘察加探险 (1733—1943 年) 时发展出独立的民族志概念。到 19 世纪末 20 世纪初，一些学者探索出科学的民族志书写原则，形成了现代人类学的研究范式，应该说，是民族志作品的积聚催生出人类学的诞生。在方法论意义上，人类学一方面使用民族志进行文化对象的研究，另一方面，研究民族志的立场和书写范式本身就是人类学的议题范畴。

在很长一段时间，人类学家约等于民族志书写者，因为人类学家的工作最终都要以民族志的形式体现出来，民族志是人类学家研究的成果。与其他学科研究成果的主要不同在于，人类学家强调把研究对象放在一个有机的文化整体内，把它置于那些解释生活现实的系统中，这就要求人类学的工作方法中注重对文化环境整体性的把握，需要认识人、物、事、环境和关系，然后将对象所处的文化之网通过民族志呈现出来。人类学对研究对象的研究就是对研究对象所在的文化空间和空间中所有关键要素及其关系的研究。当然，所有要素都以理解人为落脚点，理解人与生活的关系，理解人对其世界的看法。因此，经典民族志往往是一份对文化的整体性描述。

民族志的基础是田野日记，要求研究者在田野调查中持续不断地记录田野的现象和感受。马林诺夫斯基认为，民族志日记应该系统地贯穿于考察的整个过程中。要记录人们的行动，也要记录人们的观点、意见和说法。要记录常态，也要记录特例。既要记录直接的所见所闻，也要记录模式化的思想行为，还要做图表、纲目。甚至发现和记录那些琐碎的事件，人们进食、交谈、干活的特别方式等。[11] 通过对这些生活各个侧面的记述，实现一个理想的文化整体性的还原。随着人类学内部对文化还原和文化认识的变化，民族志开始转向具体问题取向的研究。即从全貌的叙述转向较为微观的问题，建立围绕微观问题展开的系谱。但文化的整体性前提仍然盘旋在人类学的学术思维之中，于是就有了见微知著、一叶知秋式的标志性文化研究，通过文化之间的共通性和互释性来连接微观与宏观。民族志对具体问题的切入，更符合民族志在社会文化实践中产生作用的学术大趋势。

民族志在近三个世纪的发展中也会不断面对人类学内部的反思，这种反思并不是针对其意义与作用的，而更多是针对其泛化的应用和方法论地位的。英戈尔德就认为过度泛化的民族志消解了人类学的学科特色和重要性，[12] 这与人类学脱离文化实践息息相关。

> 理论，当它转向的时候，就不再是理论了，而是一种想象力，它是通过对世界的观察来滋养的。现实和想象之间的断裂——一个附属于事实，另一个附属于理论——是意识史上许多浩劫的根源。它需要修理。修复它无疑是人类学的首要任务。在呼吁停止民族志的泛滥时，我并不是要求更多的理论。我的请求是回到人类学。（英戈尔德，2014：393）

英戈尔德的这种思考对设计人类学具有特殊意义，他倡导一种与设计实践近似的能够参与文化实践的人类学的可能性。当然，这并不影响我们以民族志作为方法，更不影响我们去理解民族志及其解释文化的初衷。因为文化之间关联性和整体性的认识是一个（包括设计学者在内的）非常好的认识世界的角度，而作为方法和成果，民族志其实是一件包含了准确性和真实性的，具有文学性甚至诗性的文艺作品。

参与式观察

参与式观察（Participant Observation）是人类学最引以为傲的方法论贡献之一，其方式是在一段时间之内持续地近距离接触研究对象，以卷入的方式参与并观察学术对象的生存实践和文化实践，由此收集包含感受性和客观性的第一手材料，用以形成民族志文本或分析性结论。"参与"更多是指对"通常是琐碎的、有时戏剧性的，但总是意义重大的事件"产生个人和真正的兴趣。[13] 由于其独特的工作方式和取信维度，参与式观察被用作重要的质性研究工具，被广泛地应用于社会学、传播学、人文地理学和社会心理学等相关学科中。

　　学界普遍认为参与式观察方法由马林诺夫斯基所创立，但早在19世纪初期，约瑟夫·马里（Joseph Marie, Baron de Gérando）就提出"了解印第安人的第一个方法是成为他们中的一员；通过学习他们的语言成为他们的同胞"。这说明与参与式观察相类似的指导性思想早就存在，只是需要不断实践和对概念的建构化表述，一套方法才能被固定下来。马林诺夫斯基在澳洲生活了四年时间，这期间他通过对特罗布里恩群岛长达16个月的田野调查，建立了不同于前辈学人的以文化整体性为意图的材料搜集方法。这种整体性意图被解释为：阐述生活的所有规则和规律，所有永恒和固定的东西；剖析他们的文化；描述他们的社会结构。[14]为了达成这一意图，就需要以一种理想化的全方位的"文化沉浸"来认出被收集材料。其中最重要的就是对那些现实生活的不可测量性（The Imponderabilia of Actual Life）的问题的发现、认识和捕捉。参与式观察的工作方法，就是为了记录那些无法通过提问或对文献进行推算的方式记录下来，而只能在完整的现实中被观察到的非常重要的现象。[15]

　　与参与式观察同样重要的是访谈，但访谈不是人类学之独创。与访谈相比，参与式观察注重眼见为实，注重现场观察以便感受到整体环境，同时还注重观察后的定性描述。之所以称作参与式观察，不可忽视其注重参与的含义，这就需要按照研究对象的时间表，随着对象的行动节奏，安排个人的调查活动。在观察中，与研究对象进行互动，使双方进入一种自然交流的高潮状态。[16]例如，对方玩什么就跟着玩什么；对方吃喝什么也跟着一起尝尝；对方拜什么神也至少表达一下尊重，这样调查者最容易在融洽的氛围中发现对方文化的细节和规则。最终，参与式观察的目的是获得高信度的调研资料，研究者需要最大程度详尽精确地记录观察到的信息，包括场所、时间、参与人、活动内容、过程情况、个人感受等。通过资料汇总缀合，形成田野调查报告或民族志。

困境和方法

人类学田野调查很多时候也会面对困难。体会一下，当一个陌生人来到我们所处的社区，每天都出现在社区内，最初的几天你会不会对他／她有所防范？当一个人不是在一旁观察你就是和你不停攀谈，你会不会心生厌憎？你如何对一个陌生人袒露心扉？或即使这个陌生人证明了他／她的权威和无害，你又如何能保证自己对其句句真言？如此这般的困难都是田野调查中可能面对的。因此，人类学家首先需要具备的素质就是与人交往的能力。

田野调查的核心就是研究者必须进入研究对象的生活环境和文化环境之中，研究者必须沉浸其中，且要在这个环境中停留一定的时间段，通过观察、询问、感受和领悟，去理解所研究的对象。[17] 此中，如何进入到这个田野中获得观察和访谈的条件，是摆在人类学家面前的首要问题。通常情况下，研究者需要先了解被研究环境的基本情况，对人、事、物的关系作一个基本的摸排。这种了解能够避免在田野工作中的一些麻烦，也有助于从最关键的环节着手，减少资源损耗。有些时候，也可以先找到一名熟悉调查环境的"中间人"，这个人可能是被调查社区的重要人物，或是一位"老好人"，由他／她把研究者领入调查环境中，能够让研究者迅速融入环境，让关系变得畅通。

当然，有时候调查的畅通无阻和调查的客观真实之间会出现矛盾。对现实中的田野来说，研究者进入的基本途径有如下几个：①获得官方的许可，也就是获得允许调查的"红头文件"，这是一种自上而下的、最为正式的入场方式；②利用私人关系，通过介绍—熟识的方式，调动各种同学、亲友关系达到进入调查点的目的，这种方式听上去不大正式，但在特定的社会结构和调查环境中，却是最有效的入场方式；③潜入文化环境，这种方式尤其适合于那些较为敏感的课题，当研究者基于前期分析判断前述两种方式都会被拒绝，或是不利于获得真实资料的情况下，研究者最好以这种隐蔽的方式入场。使用官方文件入场的方式最为正式，较容易获得权益上的保护，但在对基层人物的探访或对敏感问题的考察中，都容易遇到阻力；利用私人关系入场比前者更为自由，更容易获得较为准确的信息和主观感受，但一方面前期的关系梳理和调用往往并不容易，另一方面在某些问题上容易被"熟人"所引导，让调查结果导向有利于特定被调查对象或相关群体；匿名潜入被调查环境的方式更加自由，更容易形成客观结论，但如前所述，容易让受访对象产生距离，需要花时间在当地重新建立信息渠道。

在实际的田野中，研究者如果能综合三种方法，在实践中灵活地转换身份，会让田野调查工作变得游刃有余。同时，多名研究者也可以组成田野调查组，从不同渠道进入田野，获得不同角度的信息，在中期进行综合，这种集体田野作业也是比较好的工作方法。田野小组在前期先进行渠道分工，继而针对调查内容进行前期资料搜集汇总，小组集体对田野问题和设问进行头脑风暴，形成调查框架和调查路径。

除了确定田野站点和进入田野时的困难，在田野调查过程中，也会由于方法的不同产生不同的调研结果。人类学家赵旭东以一种田野工作的诗性角度提出了"田野八式",可以参鉴。[18]

1. 心存异趣

指研究者要保有对外部世界的好奇心和发现世界、认识世界的激情。

2. 扎实描记

指把自己足够长时间观察到的事、物、关系和思考扎实地记述下来,在记述中充分调动研究者的主体性。

3. 留心古旧

关注被调查的文化环境中的各种历史留存物,这之中包含建筑和规划,从这些古旧的存留中发现人们的思维方式在历史中形成的某些线索。

4. 知微知彰

在调查中要特别留意细节,强调对微观之处的考察,强调由微观而见出的意义上的差异。

5. 知柔知刚

需要研究者在调研过程中保持自己的位置感和灵活的身段,有所为有所不为。调研后期的总结性研究中不依赖刚性的数据资料,也将柔性的感受和体悟放置在结果之中,所谓"刚柔相济"。

6. 神游冥想

研究者在细心进行田野调查的同时需要偶尔产生一种高阔的思考,把文化中雄峻宏大的内容和细致入微的内容进行综合,以形成一种从读者角度出发的研究成果。

7. 克己宽容

人类学者在面对异样文化的时候,需要克服自己的偏见,用包容和开放的心态去面对田野中的人和物,心平气和地观察各种社会现象和文化问题,形成一种人类学家特有的品质。

8. 文字天下

即掌握书写的能力和技巧，用灵活的叙事方式来书写现象与问题。合适地运用严谨的学术化表述和生动的生活化语言。强调文字即思考。

赵旭东总结出以上八种田野工作方法后，又提出"点线结合、特征追溯、线面统一、微观聚焦"的四种工作思路。在人类学的田野中，无外乎研究者须以宽容开放的心态身临其境，以细谨缜密的态度观察索引，以慎重严肃的态度分析考证，以勤奋扎实的态度采录描记，以慧心巧思串联罗织田野的思考，以扬葩振藻书写建构田野的文章。

最终，田野调查的终极目标，在马林诺夫斯基的理论意义上，就是理解人们的观点、他／她和生活的关系，认识他／她眼中的世界，研究他／她最关心什么，即生活对他／她的影响，理解人们所追求的不同的目标，所追随的不同的冲动，所渴求的不同形式的幸福。既要研究人们的行为和心理，又要从主观上感受这些人们赖以生存的情感，领悟其幸福的主旨。[19]

第二节　设计人类学田野调查的角度与方法

就如本章开头所说，虽然设计人类学的田野调查天然承袭了人类学的学科基因，以人类学田野调查的立场、视角和方法为工作基调，但设计学所关注的问题，设计调研所积聚的视角和方法在设计人类学田野调查中也同样重要。这意味着设计人类学的田野调查和人类学田野调查有一些不同，这些不同首先基于对设计人类学功能的不同理解上。我们已经强调，设计人类学有其理论的"学"的维度，也有其实践的"设计"的维度。要想考察任何有意义的人类行动的根本成分，首先应从"目的"和"手段"这两个范畴入手。[20]

如果我们将设计人类学视为一种理论工具，或是从设计学理论的角度对其抱有理论维度的期许，那么设计人类学的目的就是知识生产，就是理论建构，那么这种意义上的田野就是设计理论研究者所面对的田野，其手段是围绕设计问题、设计与文化或相关领域的关系问题而产生的。而如果我们将设计人类学视为一种实践工具，或是从设计实践者的角度来看待和使用这一工具，那么设计人类学的目的就是物质生产，就是设计造物，那么这种情况下的设计人类学田野就是设计实践者的田野或称设计师的田野。这两层维度之间虽然也有交叉区域，但无论是目的还是手段都有较大的差别。设计人类学田野调查的两种维度需要研究者事先予以厘清。

设计实践者的田野

设计实践有其明确的应用目的，其调研通常建立在对设计结果的效度考量上。在很大程度上，经典设计调研本来已经包含了人类学的田野调查方法，不但借用还对其进行了专业化发展。对于设计实践而言，田野调查的关键问题在于两个层面，一是对人的真正需求的洞悉，二是对人的群体文化的把握。二者都以实用主义为根基，所有调研的内容都以这两种调研目的为旨归，不同的调研内容形成不同指向性的调研程序，这些调研程序有时是渐次式的，有时是相互分离的。当代最具代表性的调研方法包括：观察法、访谈法、焦点小组、田野实验和故事板。在它们中，我们能够见出人类学田野调查的应用性发展。反过来，这些在设计实践中不断进化的方法实际上也能对人类学提供某些方法论意义上的借鉴。

观察法

观察法强调感官的直接性，和前述的参与式观察不同，设计人类学的观察必须包含"非参与式观察"。非参与式观察并不是因为研究主体会干扰调查结果，主要是由于科技手段的发达，监控录像等能够建立长时间的客观记录。在一些诸如消费行为等的问题上，通过调取监控即可以分析人们的消费习惯。通过录像提供的慢放、放大等技术，研究者实际上更容易发现不易察觉的情况。这并不是说参与式观察不再重要，恰恰相反，参与式观察是近距离感知和观察设计使用者状态的最主要方式。参与式观察能够获得真实环境下的反馈数据，这些数据往往是具身性的感受描述。在设计调研中，许多团队会使用 POEMS 的调研框架，其中 P 代表人（People），即被观察者；O 代表物（Object），即被观察到的与人有关的物体；E 代表环境（Environment），即被观察事物所处的现实环境和文化环境；M 代表信息（Message），即被观察事物或行为中所含摄的信息或相关情况；S 代表服务（Service），即能够让被观察事物或事件发生变化的服务行为。POEMS 所提供的是一个基本的调研内容的范本，而在具体的观察过程中，研究者的工作还是不外乎观看、倾听、询问、参与、思考和记录，最终形成记录材料的整理分析。

访谈法和焦点小组

访谈法通常是对单人进行单次或多次访问和约谈，而焦点小组（Focus Group）是对多人（通常 6 ~ 8 人）进行同时访谈，可以想见一对一谈话和多人群聊会产生怎样不同的效果。这里需要注意的是，无论是单人还是多人与谈，田野的概念都发生了改变。人类学所强调的田野是文化现场，而访谈的地点通常是办公室或一个预先安排好的相对封闭的地点。也就是说，设计人类学的田野内容相对于人类学而言其边界是扩展了的，设计人类学可以制造一个在地化的田野（Site-specific field），在此以具体的设计产出为目的进行实验室式的田野调查。

田野实验

田野实验（Field experiment），也称现场实验法，指在真实的社会生活或文化环境中进行基于设计目的的现场实验。田野实验可以看作对在地化田野的升级版本，因为在田野实验中，受试者通常并不知道自己在实验之中，而是完全在一种自然的生活场景下表达出对设计的真实感受。这就需要参与式和非参与式观察，引导性和非结构性访谈，影像、录音等技术因素的共同作用。实际上，田野实验是设计人类学对设计实践过程及其结果建立长效监测机制的非常理想的手段，将设计结果作为设计过程实际上也是设计人类学的一种思考角度。

故事板

故事板（Storyboard）是设计人类学从设计学中调用的一种记录和表现方法，通过讲故事的方式来搭建用户使用场景，从中找出可能存在的问题和解决方案。故事板与人类学中的图绘叙事相似，在人类学中一些有绘图基础的学者会用画笔记录道具、场景和一些人物之间的关系。设计人类学的故事板比人类学的图绘更加完整，它是把调研采集的信息用图像的方式建立起直观、具体而明确的故事线，以此来向人们更清晰地说明设计的痛点、解决方案、预期效果等。故事板是一个线性结构的叙事图像集合，它可以是一个分析型的流程图，也可以是一系列故事漫画。无论使用哪种方式，故事板都不外乎强调四个要素：人、物、环境、事件／行为。通过确定故事角色，构建故事场景，叙述一个故事或过程，然后针对故事进行适当的视觉呈现。故事板是一个自我思路梳理的过程，也是一种呈现设计创意的手段。

上述几种方法在实践中通常都是清晰指向功能需求挖掘的，但与此同时，我们还需要明确认识到，当代设计产业的出发点并不再满足于使用功能的创造，而是通过文化的宣扬去树立某种价值观，这是我们身处的设计文化的现实状况。这种状况从雷蒙·罗维（Raymond Loeway）的可口可乐时代就开始了，在菲利普·斯塔克（Philippe Starck）的"多汁的萨利夫"（Juicy Salif）和艾托利·索特萨斯（Ettore Sottsass）及其领导的"孟菲斯"（Memphis Group）风格那里走向高潮。商业设计的期许不再是功能主义，而是文化赋能，是用知识和文化把产品包装起来，真正的产品已经变成附加于其上的知识文化。[21] 如果以文化的眼光来看待设计实践，那么就需要在意识上建立一种超越功能性的田野思维。这种思维会将上述的方法从需求层面引向文化建构的层面，例如在观察和访谈中，研究者需要特别留意那些文化细节。要做到这一点，就又需要回到人类学的田野调查文本中，从经典田野报告和民族志中认出那些对洞悉文化有帮助的方法和路径，对它们加以留意。同时，对文化内容的探索与设计理论研究者的田野观是联系在一起的，后者更倾向于对设计物与社会文化关系的研究，这就引出了不同于实践者田野的设计人类学理论研究者角度的田野理论与方法。

设计理论研究者的田野

以知识生产为目的的设计人类学田野调查注重以物见人，往往从设计造物入手，围绕设计物展开对物的制作、物的使用、物的传播、物的保存、物的销毁等的观察调研，从中见出物、人、物与人之间的关系、人与人之间的关系、物与环境空间的关系、人与环境空间的关系等。这种知识生产不是以设计结果为目的的，而是以认识设计与文化的关系，从而进行设计或以相关文化理论的书写为目的的（当然这种知识建构也可以成为实践赋能的一部分）。设计人类学理论研究者的田野，大致也可以分为两个维度：一是对现当代设计与社会生活和文化环境的关系进行考察，从设计结果展开文化分析；二是对传统设计（即工艺）开展调查，一方面译解其造物思想，另一方面从工艺与人的关系角度体悟传统的存在哲学，即对"百姓日用即道"的探知。总结起来这种理论的田野能够面向四个学术角度：**一是传统生活的传统问题**，即从传统设计或工艺中认识传统生活，此为设计史学观；**二是传统生活的现代问题**，即从传统工艺中找到贯通当代生活的审美、思想或哲学，以传统的现代应用为指向，此为设计转化观；**三是现代生活的传统问题**，即认识到现代生活中那些既存的活态工艺的价值，理解这种价值为何存在，它们在生活和文化中的意义为何，此为设计遗产观；**四是现代生活的现代问题**，即留意现当代设计在现当代文化中的价值与意义，注重对当代设计和当代生活的反思，此为设计批评观。此中的"现代"并非专指现代主义或其时期（Modern），而是从中文原本的"现时""现在"的语义出发的，指"现在的时代"，或同"当代"（Contemporary）。上述四个角度既可以分别展开研究，其研究结果自成一体；也可以围绕具体问题或对象加以融汇整合，形成一个整体性的设计理论系统。

设计人类学理论研究者所面向的田野，强调的是设计作为人类重要的文化现象的事实。这一事实在过往常被社科学者所忽略，对每天生活和工作中使用的各种设计造物及其问题视而不见。这当然也是设计师的功劳，即那种"好的设计是让人感受不到设计"的信条。同时也是人文通识认知缺失的体现，设计（工艺）这一人类如此不可或缺的存在方式竟长时间被文化学者和社科理论家们冷落一旁，这实在是不可理解。但仅凭设计学界自己的啸鸣嘶喊，终究也起不到什么效果。设计人类学如果能借此机会切入人类学的理论视域，唤起学科之间的共鸣，那么对两个学科都将是一件好事。事实上，设计人类学的理论田野与人类学田野调查更为贴近。设计学者李立新认为其就是用人类学的方法来研究设计对象，[22]很大程度上确实如此。设计人类学田野的理论面向就是考察人在生活中如何创造、生产、使用、消费、流通和毁坏设计，强调考察设计在生活整体中的作用，理解设计在文化整体中的意义，分析研究设计与文化在现实中的互构。

　　与人类学一样，设计人类学理论研究者身临田野调查现场，要思考自己曾经经历的学术训练，也要思考以往学者在同样的地点和同样的问题上都做过什么？田野作业是学者和民众双方在日常生活的状态中进行的，它还必然要给学者的思考带来两种影响：一种是来自理论著作的影响，另一种是来自学者亲自调查的感性材料的影响。[23]也就是说，设计人类学理论研究者在田野调查中既要注意既有的田野调查资料，也要用一双发现问题的眼睛去探索田野中的新问题。既有的观察结构能够为我们提供基本的内容框架，比如李立新提出的设计田野考察的结构模式就可以直接应用在设计人类学的田野调查中。这个调查结构是"物品本体—行为主体—思想理念"。"物品本体"所要考察的主要方面有：设计物品的形式构成、材料工艺和实用功能；"行为主体"所要考察的主要方面有：设计物品的制作过程与环节、创作个体与群体、传承方式与传播过程；"思想理念"所要考察的主要方面有：设计者的设计经验和理念显现、设计物品的社会功能和文化属性、设计者与使用者所处的自然和人文生态环境考察。围绕这九个方面展开的田野调查是一个综合的过程，其以物为起点，关注人、关注行为、关注思想。[24] 这一框架总体上是设计人类学田野调查理论面向的基本思路，其对传统设计（工艺）研究尤其适用。但身处高速发展变化的社会这个大的田野，我们也会发现这一框架没有提及设计中非物质的那部分内容。显然，设计并不仅是造"物"，还有制造包括纯粹视觉、听觉、游戏、秩序、规则或事件等非物质的内容，设计概念与内容在时代进程中发生了较大的扩展。因此，"物品本体"可以升级为"设计事象"。其中需要考察的内容应该根据每一种创作媒介或事件、活动等的特质来进行对应调整。

相应地，田野调查需要根据其选定的题目来确定学术角度，即确定其四个指向的理论落脚点为何。明确学术角度，建立更为微观的考察框架。

传统生活的传统问题

需要广泛考察传统设计（工艺）的审美、材料、功能、技艺、艺人、传承原则、地方历史、自然环境，强调工艺的历史性考察和理论书写。

传统生活的现代问题

需要特别注意考察传统设计（工艺）的审美、材料、功能、技艺这四个方面，着重以传统工艺的现代转化为落脚点。

现代生活的传统问题

需要全面考察传统设计（工艺）的审美、材料、功能、技艺、创作环境、艺人、传承原则、用途、使用方式、使用者、使用场景、流通情况、地方历史、自然环境、文化空间等，理解传统设计（工艺）在生活和文化中的意义为何，注重工艺的文化遗产意义。

现代生活的现代问题

需要全面考察现代设计（工艺）的类型特征、造型形式、内容、功能、媒介、设计者、设计手段、使用者、使用场景、消费者、消费场景、流通方式、技术支持、信息传播方式、商业环境、文化环境、政治环境、教育程度、宗教信仰、时尚思潮、网络流量等，注重结合文化整体，对现代设计现象进行文化批评。

综上是设计人类学理论研究面向的田野调查的基本理路，在此还有一点可谈，那就是当研究者面对大量的设计现象或设计信息，实际上可以用一种相对聚焦的方式来缩小调研范围，即在田野调查切入对象的选择上可以从"标志性文化"着手，这是本土民俗学重要的方法论贡献。所谓"标志性文化"，按照这一概念的提出者、民俗学家刘铁梁的说法，是地方文化中显得特别重要和饶有深意，体现出当地民众生存发展的适应与创造能力，也证实着当地民众与外部世界交往的经历，因而成为群体自我认同，并展示于外人的事象。标志性文化是对于一个地方或群体文化的具象概括，一般是从民众生活层面筛选出一个实际存在的体现这个地方文化特征或反映文化中诸多关系的事象。对于民俗学来说，标志性文化的提出是为了书写出揭示地方文化特征的民俗志。[25]

对于设计人类学而言，标志性文化是认识设计与文化之间若干复杂关系的突破口。首先，设计可能就是那个标志性的文化事象，对此类设计的分析需要把设计放置在某文化的应用环境中，从设计展开而深描出整体的文化样貌；其次，设计可能是标志性文化的重要组成，比如某种活动所使用的宣传品、展示物或工具，这时候就需要首先观察分析设计与标志性文化之间的关系，需要理解设计在该文化事象中与人交互所产生的意义和影响；第三，设计研究的对象可能是一般性的日常物，但从它的日常性上看到了某些标志性文化的影响，这时的研究趣味在于通过拼缀并合出文化在某地方或某特定人群中的弥漫特征。

民俗学田野的标志性文化有三个条件：第一，能够反映地方特殊的历史进程，反映地方民众对于自己民族、国家乃至人类文化所作出的特殊贡献；第二，能够体现地方民众的集体性格、共同气质，具有薪尽火传的内在生命力；第三，该文化事象的内涵比较丰富，深刻地联系着一个地方社会中广大民众的生活方式。标志性文化的确认，要求研究者找到代表地方文化整体和特性的具体文化现象。并且，标志性文化通常不是唯一的，凡能够表达出文化的特征或反映出文化中关系、秩序、逻辑的具体现象、事物以及符号，都具有标志性意义。要认出哪些文化事象是标志性的，一个重要的前提，就是要了解人们怎样认识和创造他/她们的生活，什么才是人们认为最重要的东西。这些信息的获取都需要研究者与当地人深入地互动，不仅限于访谈或谈话，还要观察他/她们的实际生活，必须从地方或群体文化"自身的表述"当中去发现问题。[26] 标志性文化统领式的田野调查，就是用提纲挈领的方式，从最具标志性的文化事象展开调研与分析，通过文化现象之间的关联性、互释性和互构性，推阐出文化的全貌。设计人类学田野调查显然并不是为了民族志或民俗志书写而开展的，在研究中并不一定需要面面俱到，因此标志性文化这种基于文化通盘认识的研究思路，和其由枢机推及普遍的方法论对于设计人类学田野调查都极具参考意义。

第三节　网络田野：设计人类学的场域

网络空间（Cyberspace），又称"赛博空间"，其最早由加拿大科幻小说家吉布森（William Gibson）在《全息玫瑰碎片》（Burning Chrome）中提出，本意是指一种能够与人的神经系统相连接的计算机信息系统，在后者中产生出的虚拟空间。随着科技的高速发展，网络空间已经大大超出了"虚拟"的原始设定，虚拟与真实的界限也由于互联网的发展而变得模糊。约斯·德·穆尔（Jos de Mul）这样定义网络空间，"互联网所形成的赛博空间并不是超越我们日常生活的一个自主、自由的地带，而是一个与我们的日常现实性紧密交织在一起的空间"。[27]换句话说，人类已然在现实空间与网络空间的两个维度中存在了，这就要求设计人类学将网络空间作为重要的田野调查场域，这种从"线下"到"线上"的变化，带来的不仅是工作场域的转换，还有一系列设计问题意识、设计调查方法以及设计知识生产内容的变化。

网络田野及其调查手段

在传统设计调研工作的"在场"诉求与研究者活动半径的限制所产生的张力中，网络空间势必成为研究者的新田野，而与之相关的设计调研方法也将应运而生且层出不穷。在此意义上，网络人类学业已形成的一些工作思路和方法可资设计学借鉴、挪用或转化。

一般意义上，网络人类学是人类学家以网络空间为"田野现场"，对网络中涌现和发生的社会文化现象进行观察、分析和解释的人类学学术分支。其主要工具由民族志进化为虚拟民族志（Virtual Ethnography）或网络志（Netnography）。海恩（C. Hine）在《虚拟民族志》一书中提出了同名概念，论证了通过人类线上行为进行民族志书写的可能性，其理想方法是研究者沉浸在网络"田野现场"之中，结合线上线下两种考察场景，收集数据直到信息饱和，然后形成格尔兹意义上的"深描"文本。[28] 虚拟民族志为人类学开辟了新的空间，让人类学的论域呈指数级扩展。此后，由网络展开的民族志研究逐渐增多，"在线民族志""赛博民族志"或"数字民族志"等名称不断涌现，大致是不同学者的个性表述，其内核大致趋同。而在此之前，库兹奈茨（R. Kozinets）早在 1995 年就创造性地将互联网与民族志合成为术语"网络志"，建立了一套线上社区非参与式观察、网络日志和数据跟踪相结合的方法，提供了一种更加结构化也更便于商业分析应用的新型民族志。[29] 虚拟民族志和网络志虽然互有交集，但二者旨归和侧重各有不同，前者将线上社区作为线下社区的延伸，属于对传统民族志的补充，方法上更注重描述和意义建构，重视文本和知识生产，偏向建构主义；而网络志将线上社区看作独立于线下的单位，其更加强调客观性和应用性，更加注重网络现象的量化分析，具有更强的实证主义和实用主义特征。

如果对二者进行归纳，那么此类新型民族志在学术实践中会面对四个基本问题，它们为设计学调研提供了基础性的思考和问题域。

虚拟田野的场域

传统意义上的田野是一个具有明确地域边界特征的物理空间，比如一个城镇、一个村落或一个社区。数字人类学将田野视角转向了网络空间，其着眼点的定位与研究的边界构划是首要问题。

网络空间是虚拟田野的载体，在这个空间内进行着多种形态的社会互动，这些社会互动的集合体在一定意义上就是"虚拟社区"。"虚拟社区"一词由莱茵戈尔德（Howard Rheingold）提出，其定义为"从网络兴起的社会集合体，足够多的人进行足够长时间的公共讨论，伴有充分的人类情感，在赛博空间形成个人关系的网络"。[30] 虚拟社区是网络田野获得信息的主要场所，与真实社区不同，虚拟社区是一个无形的空间，其依托于共同的兴趣爱好或需求所构建，不被国家地区、文化背景等因素所限制。每一种兴趣爱好实际上都是一个专题，在这个专题里，观察者可以方便获得该领域的信息或知识。一直以来，虚拟社区是人类学家网络田野的主要站点。

为了便于开展对应性研究，人类学将虚拟社区归纳为四种类型：[31] 第一类是兴趣型社区，如微博粉丝群、豆瓣小组、虎扑步行街等，具有共同兴趣爱好的人聚集在一起进行交流；第二类是关系型社区，该类型社区为具有共同经历、观点、现实关系的人聚集在一起交流并建立的个人社会关系空间，如微信群、QQ 群或交友平台及论坛；第三类是娱乐型社区，如在线游戏等提供娱乐、消遣的空间；第四类是交易性社区，如淘宝、58 同城等进行商业信息交换的空间。纵然这四类空间都在向功能相互渗透的方向发展，但这种一般性区分还是为研究者进入定点观察提供了入口。大多数情况下，研究者都会根据研究内容选择一个或多个虚拟社区开展跨类别田野调查，这种相对清晰的场域区分是现实世界的田野所不能提供的。

由于网络田野调查中有较多跨场域工作的情况，因此要做到探赜索隐和分类递进，于是就有了虚拟社区的两类结构划定：[32] 第一类是"圈式"结构，该类型社区边界明确，通常具有固定的名称或主题，成员的交流互动发生在一个固定的"圈"内，是一个较为稳定的群体，如前述的微信群、QQ 群等兴趣型社区及关系型社区。第二类是"链式"结构，该类型社区没有明确的边界，人们没有长期固定交流互动的地点，"社会聚合"依托于"标签""好友"等方式所形成的关系链条，前文所述的娱乐型社区及交易型社区大多为此种结构。"标签"关系链条建立在内容的关联上，如微博中的"话题标签"、B 站中的"频道""分区"等。"好友"关系链条则建立在人际关系的认同上，如微博中的"关注""粉丝""好友圈页面"等。研究者在进行虚拟田野场域的选择时，可先在内容上通过信息交流集群定位与研究内容相契合的虚拟社区类别，再在组织结构上考虑"圈式""链式"两种方式开展渐进性调查。

虚拟田野的进入

研究者面临的第二个问题就是如何进入田野。"上网"是当代人的一种存在方式，网络体验具有沉浸性，也因此研究者需要与一般意义的"上网"有所区分，始终保有一种问题意识，即对"上网"这一行为保持客观性。其次是认知到在网络上存在着和现实社会并行的结构和功能，在那里真切地感受到人们借助虚拟技术手段对自己文化进行独到、特有的文化解释，[33] 然后才面临田野方法的选择。在传统田野调查中，顺利融入当地群体的办法通常是依托于一位"中间人"，由"中间人"为研究者打开田野入口。而网络田野调查取消了"中间人"，人的身体成为线上、线下田野的交互边界。[34] 更进一步说，新的"中间人"是一个由自我衍生出的"虚拟身份"，也即 ID（Identity Document）。借助这个虚拟身份，一方面，人们能够拥有更高的自由度，现实中难以表达的思想和语言在这里可以表达，一定程度上呈现了人们更真实、隐蔽的自我；另一方面，研究者可以在完全潜伏的状态下进入某一虚拟社区并进行观察，认识到那些"不假思索的行为"，以非介入的方式获取较为客观的调研信息。

网络人类学很青睐对这种"非参与式观察"方法的使用，但其也存在一些局限，首先是被观察者的身份不容易认定，于是调研的信度就不好保证，其克服方式是在研究中结合话题、语言方式、表述逻辑、表情使用等还原群体画像，而这需要额外的工作时间；其次是论题的分散和离散化，常见的现象是某个话题或在讨论中戛然而止，或被引向其他方向，也即网民常说的"歪楼"，这种散乱的话题走向会降低研究者的能动性；第三是网络特有的大跨度时空观，即所谓的"互联网记忆"，其能够引出话题在时空中的"分岔"，对关键论题的追索工作往往面对大量的冗余信息。

"参与式观察"是另一种入场方式，与"非参与式观察"形成互补。参与式观察注重在搜集文本、图片和视频等基础资料的同时，深入到论题相关的虚拟社区进行观察并与社区其他成员进行交流互动，以探寻某技艺、某手段、某形式、某现象或某事件的内容、成因和其影响等，从中探寻真相或知识，形成理论或思想。同时，"参与式观察"和"观察式参与"的界限通常变得模糊，或者说二者在网络虚拟田野中是一体化的。"参与"往往伴随着强烈的目的性和引导性，研究者会在虚拟社区中建立话题，或者在已有话题中插入明显观点，以此来形成互动信息收集。网络志的提出者库兹奈茨就用这套方法为金宝汤公司（Campbell Soup）的网站社区创建了"给繁忙厨师支招""配比控制""随情绪搜索"

等由人们的话题生成的在线功能,将品牌嵌入到了人们日常生活的膳食规划中。[35] 这完全可以看作一种设计人类学意义上的学术实践方式,其过程和结果很容易转化为设计应用。在技术升级的过程中,其与大数据算法的配合,将在很大程度上建立产品与消费者更紧密的粘合度。但从另一个角度看,这当然也是值得警惕的问题。

线上与线下融合

与网络志相比,虚拟民族志更侧重线上与线下融合。人们在虚拟社区进行活动的同时,并不能脱离现实生活,这种虚拟—现实的共在性使人们的意识、情感和文化表达在两个空间内流动。因此,需要将虚拟社区(尤其是兴趣型和关系型两种社区)的话题、言说以及表演实践理解为现实生活的一种折射,探究并揭示更深层次的群体文化差异和诉求差异。在现实中,人们被身体、语言、教育、家庭以及圈层等不同条件建构为不同特点的人,在网络中,尤其以视频形式展示和参与的平台上,这些不同特点的人就成为千差万别的特色"景观"。研究者在线上观察到的往往是带有本我和表演者双重角色的群体,因此就需要围绕着被研究对象开展线上和线下的同步调研。既需要看到人们在线上所表达的价值观或文化状态,也需要进入生活现场,去了解他们的真实生活,从而体念人们在线上与线下不同状态之间存在的张力。实际上,线上与线下的互构性正是网络成为人类存在空间之延伸的重要体现,也是田野调查的重要落脚点。需要认识到,虚拟田野并不是对真实世界田野的排除,在学术实践中只有两者共同观照,才有可能整体性地把握研究对象,以期获得更具理论深度的研究成果。

虚拟民族志

虚拟民族志既是虚拟田野调查所形成的知识成果,同时也体现为借由田野调查所生发的思想。完整的虚拟民族志含涉五个步骤：选定研究主题、确定虚拟田野、开展虚拟田野调查、分析解释所得资料、撰写虚拟民族志文本。

在田野调查阶段的"参与"和"非参与"两种观察法中，线上资料采集和在线访谈等方式也是通行的实践手段。线上资料采集主要指对网络中已有资料的收集和在线问卷调查收集，其能够形成基础性材料和量性分析结果；在线访谈包括闲聊式访谈、深度访谈和线上小组与谈，在线访谈有助于察觉线上群体微妙的文化理解。[36]线上深度访谈的交流互动可以使研究者对所观察的文化或事件有更深入的理解，从而能够形成更准确的描述。在以往的访谈中，研究者通常与被访者采取面对面或点对点的方式进行，而在网络技术的加持下，访谈方式变得丰富多样。例如，在新冠疫情期间，ZOOM、阿里钉钉、腾讯会议、飞书等视频工作软件被广泛使用，它们将不同地点的人聚集到同一个网络空间中，基本能达到与面对面交谈近似的效果，为访谈提供了一系列替代性的方案。

网络田野资料的采集和分析往往是同步进行的。互联网特殊的时空开放性为研究者重返田野带来了极大的便利，田野调查过程中的部分记录会被互联网自动保存，比如文字访谈记录、语音视频、场景截图等。但田野笔记依旧是虚拟民族志研究的基础，其尽可能详细地描述所观察到的事实、发生情境及日常感悟等以完成"深描"写作，其是质性分析和知识生产的主要材料。

虚拟民族志是技术驱使的民族志的演化形态，是一种研究思路的扩展和方法上的调整与改进。传统民族志的基本理念和核心方法在虚拟民族志研究中依旧适用，最大的区别在于虚拟民族志的网络场域。研究者可以通过浸入式地参与到虚拟社区来理解并分析和解释网络文化现象、产生过程及其现象背后相关的涵义。显然，这和设计调研的方法取径是一致的。对于设计学而言，以网络为田野的调研方式打破了时间和空间的界限，一方面为设计调研提供了时空便利，另一方面也扩展了设计调研的认知边界、思考角度和实践路径。

网络作为田野：设计人类学调研的路径

设计学人对利用互联网进行调研并不陌生，对许多新生代学者来说它比传统田野调查更为熟悉。实际上，使用互联网搜索引擎获取信息和资料已经内化为所有网民的习惯。基础信息和图像资料的获取通常比较容易，但牵扯到更深层次的研究层面，许多已经被习惯的方法就仍有完善的空间。以当下设计学较为依赖的工具"线上问卷调查"为例，其结论固然可以作为设计调研一般性依据的组成，但问题是这种调查方法通常是单一启发式的，引导性的"选项"通常消解了受访者的能动性，其看似是在了解研究对象，但启发问答的过程中早已暗含了研究者预设的结果。同时，受访者在面对选项时的态度也不容易把握，空洞的量化数据所导出的结果往往在研究者的预想之中，这常与客观事实存在不同程度的偏差。这看似是一个量性分析和质性分析关系的老问题，但其内里却是设计调研的惰性问题。惰性的形成恰恰是由于研究方法的长期被忽视所造成的，这让人们落入了对数据报表的迷信之中。不断优化的大数据算法实际上很大程度上加剧了人们对量化结果的依赖，这势必形成极端的实用主义和功利主义的设计价值观。

数据无法言说潜在内容，它依赖人们的研判和解读。这就要求一种理解角度的更新，人们言说的信度通常需要结合行为来判断。如果想要获得信度更高的依据，就需要了解研究对象或群体在自然真实场景下的行为活动方式，而不仅是听从被访者的描述。参与和非参与式的网络人类学观察手段无疑都是对数据结论的平衡或修正，设计学需要这种综合的观照，这是设计的人文性所决定的。基于网络的设计调研因此需要不同侧面、不同程度、不同方法的观察，而不是止于数据分析。网络人类学无疑能带来更开放的方法，提供更平衡的主客观数据，更贴近真实的质性材料，更少的考察资金成本，更有效的时间管理，当然还有更重要的病毒零接触。

网络人类学还为设计学提供了一种"观察式参与"的思考角度，在社会与生活已被深度"媒介化"的当下表现得尤为突出。首先，设计活动会借助网络争论而改变实践结果。例如，第十届北京国际电影节的先导海报，其一经发布便在网络上引发了围绕"海报设计标准与范式""高级与平庸""商业派与学院派"等激烈的争论。该事件在微博上的讨论热度累计达上千万，被视为平面设计"出圈"的标志性事件之一，网络让平面设计进入到公共讨论的空间，而公众的舆论也反过来影响了设计结果。类似的例子还有2025年日本大阪世博会会徽的发布，也因其造型奇特在海内外网络平台激起了公众强烈的反响，众多网友纷纷基于该会徽进行"恶搞"式的二次创作，这甚至让一直以来的设计美学判断及其相应的设计观念都发生了转向。

其次，设计活动借助网络平台快速响应现实问题。新冠肺炎疫情在2020年爆发伊始，在口罩"一罩难求"的困境下，一项关于口罩的公益活动借助网络平台被设计并迅速组织起来。美国佛罗里达的社会实践者率先策划并发起了全民自制口罩的公益活动，其在社交网站上创建了"全民口罩倡议（Para Todos Mask Initiative）"，志愿者可以在这个虚拟社区内分享制作经验，讨论制作手法，展示自己独特的设计成品。这是一次深具现实性和鼓舞性的观察式参与实践，也是一个危机下的社会创新设计案例。

第三，虚拟世界推动脱实向虚的参与式设计。疫情加剧了互联网在现实生活中的卷入，人们更加热衷于虚拟社交和体验活动，线上展览、线上虚拟互动、3D 虚拟展厅等纷涌而至，人们感到数字化生存近在咫尺。在新冠疫情期间，Facebook 更名为 Meta 开启了"元宇宙"的创世之旅，NFT（非同质化代币，Non-fungible Token）兴起，《集合啦！动物森友会》等深度在线游戏获得空前成功。人们热衷于在互联网上建造起新的家园，生存在这种语境下的设计者必须张开怀抱，与更多人一起在参与中共同创造。

除此以外，互联网科技仍在高速发展，其催生的文化变革势必给设计学以新的思考空间和与之相应的新问题，在一个强调创新和变革的时代命题下，设计人类学强势补足以往设计学调研的缺口，从包括网络人类学在内的相关学科获取方法和经验，帮助设计学及其产业创造更多的文化创新价值，从而更深刻地嵌入到社会发展之中。

余论

设计人类学的网络田野带来了更广阔的跨领域研究视野和关涉内容，基于网络与现实的互渗和共构，虚拟民族志能够很好地助力设计人类学对问题进行整体性考量和把握的学术方式，其最终目的是建立起围绕"人"而展开多层面、多维度的认识和研究的新范式。设计人类学田野调查的目的一方面是了解人们总在经历却无法清楚描述的需求。其对习焉不察的行为的关注，对新异文化的开放态度，对业已成为惯习的上网行为的工具化运用，既为设计实践提供了起点和途径，也为其提供了反思性的审视角度。另一方面，在一个虚拟与现实空间共在的未来，理想的设计人类学田野调查应该参与到设计研究及实践的整个流程中：包括前期的基础调研、过程中的实践反馈、实践后的效度评估以及基于网络田野的长效调研。所谓"长效调研"，即能够借助在线条件较为长期的考察，追踪设计成果的文化影响，能够在较长时段内对设计应用效果作出解读和调适，并对各种由设计产生的连带问题进行反思，由此来实现设计的文化责任。

总体而言，设计人类学的田野调查，认识上强调从微观的具体需求到宏观的文化意义，方法上强调线下与线上的融合。虽然线上的内容和价值观已经深入渗透进人们现实的社会生活，但一方面，线上内容是与不自觉的整合性趋同的，文化多样性整体上是流失的，人们共同的表达方式和话语习惯是一个突出的现象。我们可以说自我和他者之间的界限正被逐渐地抹去或抹平，彼此间信息交流的强烈对照性以及彼此间的信息不对称等障碍日益被磨平甚至消除，文化上的多样性和相对性的存在，由此而成了网络虚拟空间中的相互融合以及彼此间的信息对称或全盘把握。[37] 而另一方面，信息的爆发和由此产生的知识积累也并不确然地能从精神内部真正改变人们的惯习（Habitus）。这是由于人们的上网实践和线下行为依然受业已形成的经验和品性的影响。惯习和经验决定了兴趣，也决定了上网的内容偏好。而自我划定的内容域和意义链反过来加固了那个本然的"自我"，人生经验中深度的意义建构已经形成了人们的价值判断标准。设计人类学的田野调查需要重点关注这种价值观的区分和线上与线下的共构关系，不同的内容类型会区分不同的人群和年龄段，也会在同年龄段中形成某种层级界划。这在"网络直播"和"网络打赏"的现象中体现得尤为明显。

当然，对于设计人类学的田野调查而言，还有一个层次是把"换位思考"嵌入到设计实践者的"慧心"之中，形成一种职业化的心理习惯，以此克服将人看作实验对象或客户的沉疴。正如《田野作业歌》中所唱到的：

"迈开双脚，走向田野，接近心目之中的他者。通过阐释他者，重新发现了自我……田野，不仅是一种出发和到位，还要允许他者摇动我们的文化的微光，而就在那摇动的一刹那，瞥见了从他者出发的角度。这，绝非同化，也绝非追求一律，只是在那瞥见的一瞬间，自我已经起了变化"。[38]

可以想见，如果这种田野的慧心作用在生活实践中，就容易建构一种"推己及人"的理想状态，这无疑有助于一个善在世界的形成。

参考文献

[1] 戴力农 . 设计调研 [M]. 北京：电子工业出版社，2016：288.

[2] 李立新 . 设计艺术学研究方法 [M]. 南京：江苏美术出版社，2009：99.

[3] 伦纳德 . 设计师生存手册：设计调研 [M]. 蔡克中，等，译 . 北京：中国青年出版社，2013：10.

[4] 费特曼 . 民族志：步步深入 [M]. 龚建华，译 . 重庆：重庆大学出版社，2012：42.

[5] 伦纳德 . 设计师生存手册：设计调研 [M]. 蔡克中，等，译 . 北京：中国青年出版社，2013：29.

[6] IDEO. IDEO Method Cards：51 Ways to Inspire Design[M]. San Francisco: William Stout Architectural Books, 2003.

[7] 戴力农 . 设计调研 [M]. 北京：电子工业出版社，2016.

[8] 布朗 . IDEO，设计改变一切 [M]. 侯婷，译 . 沈阳：万卷出版公司，2011：38.

[9] 董晓萍 . 田野民俗志 [M]. 北京：北京师范大学出版社，2020：88.

[10] 王铭铭 . 民族志：一种广义人文关系的界定 [J]. 学术月刊，2015（3）：133.

[11] 高丙中 . 民族志的科学范式的奠定及其反思 [J]. 思想战线，2005（1）：79.

[12] Tim Ingold. That's Enough about Ethnography, HAU[J].Journal of Ethnographic Theory, 2014, 4(1): 383-395.

[13] 巴特，等 . 人类学的四大传统 [M]. 高丙中，等，译 . 北京：商务印书馆，2008：25.

[14] 马林诺夫斯基 . 西太平洋上的航海者 [M]. 弓秀英，译 . 北京：商务印书馆，2016：20-21.

[15] 马林诺夫斯基 . 西太平洋上的航海者 [M]. 弓秀英，译 . 北京：商务印书馆，2016：29.

[16] 董晓萍 . 田野民俗志 [M]. 北京：北京师范大学出版社，2020：398.

[17] 风笑天 . 社会学研究方法 [M]. 北京：中国人民大学出版社，2001：239.

[18] 赵旭东. 田野八式: 人类学的田野研究方法 [J]. 民族学刊, 2015（1）:
    1-8.

[19] 马林诺夫斯基. 西太平洋上的航海者 [M]. 弓秀英, 译. 北京: 商务印书馆,
    2016: 34.

[20] 帕森斯. 社会行动的结构 [M]. 张明德, 等, 译. 南京: 译林出版社,
    2003: 7.

[21] 福斯特. 设计之罪 [M]. 百舜, 译. 济南: 山东画报出版社, 2013: 29.

[22] 李立新. 设计艺术学研究方法 [M]. 南京: 江苏美术出版社, 2009: 240.

[23] 董晓萍. 田野民俗志 [M]. 北京: 北京师范大学出版社, 2020: 79-80.

[24] 李立新. 设计艺术学研究方法 [M]. 南京: 江苏美术出版社, 2009:
    245.

[25] 刘铁梁. "标志性文化统领式"民俗志的理论与实践 [J]. 北京师范大学学
    报（社会科学版）, 2005（6）: 53.

[26] 刘铁梁. "标志性文化统领式"民俗志的理论与实践 [J]. 北京师范大学学
    报（社会科学版）, 2005（6）: 54.

[27] 约斯·德·穆尔. 赛伯空间的奥德赛——走向虚拟本体论与人类学 [M]. 麦
    永雄, 译. 桂林: 广西师范大学出版社, 2007: 16.

[28] C. Hine. Virtual Ethnography[M].London: SAGE Publications, 2000.

[29] R. Kozinets. Netnography: Doing Ethnographic Research Online[M].
    London: SAGE Publications, 2010.

[30] Howard Rheingold. The Virtual Community[M]. London: Minerva,
    1994: 5.

[31] J. Hagel, A. Armstrong. Net Gain: Expanding Markets through
    Virtual Communities[J]. Journal of Interactive Marketing, 1999,
    13(1): 55-65.

[32] 彭兰. 网络社区对网民的影响及其作用机制研究 [J]. 湘潭大学学报（哲学
    社会科学版）, 2009（4）: 23.

[33] 赵旭东. 网络民族志的涌现——当下世界人类学书写的文化转型 [J]. 广西
    民族大学学报（哲学社会科学版）, 2021（5）: 38.

[34] 任钰. 身体的在场: 网络民族志的性别反身性 [J]. 新闻大学, 2014（2）:
    69.

[35] R. Kozinets. Netnography: The Marketer's Secret Ingredient[J]. MIT Technology Review, 2010.

[36] 罗伯特·库兹奈茨. 如何研究网络人群和社区：网络民族志方法实践指导 [M]. 叶韦明，译. 重庆：重庆大学出版社，2016：55.

[37] 赵旭东. 网络民族志的涌现——当下世界人类学书写的文化转型 [J]. 广西 民族大学学报（哲学社会科学版），2021（5）：39.

[38] E. Chiseri-Strater, B. Sunstein. FieldWorking: Reading and Writing Research,Upper Saddle River[M]. N.J.: Prentice Hall, 1997. 转引自：董晓萍. 田野民俗志 [M]. 北京：北京师范大学出版社， 2020：165-166.

第三章 | 设计人类学作为理论方法

人类学家保罗·拉比诺（Paul Rabinow）在其著名的《摩洛哥田野作业反思》中有这样的表述：[1]

> 文化即阐释。人类学所谓的"事实"，即人类学家到田野中寻找到的材料，本身就是阐释……事实（Fact）是被制造出来的……我们所阐释的事实被制造，并且被重新制造……文化事实是阐释，而且是多重阐释……人类学是一门阐释的科学……人类学事实是跨文化的，因为它是跨越了文化的界限而被制造出来的。

一直以来，记述、阐释、书写和建构是人类学普遍的学术手段，文字或者说理论著述是人类学最主要的成果呈现形式。作为一门社会科学，人类学是以书写文化为实质而确立其学科地位的。理论在很大程度上是人类学作为一门学科的存在方式，这与设计学存在着根本上的不同。恰好，正是这种不同让两个学科找到了互补的条件。对设计学而言，跨领域的运作在当代常常体现为对科学技术和消费市场的关注上，工具理性与实用主义考量占据上风，但其作为一种"学"的理论厚度及其表达人文关怀的手段多样性还存在提升空间。反观人类学，其拥有相对自足和独具特色的人文研究手段，但却缺乏对公众发挥实际影响的路径，以至于其学科内部总是围绕着本体论和方法论打转。这就是当下的现状，设计学往往是对实践的总结，是一种基于创造体验的经验结晶，它呼唤工具理性之外的人文主义学术方法，而人类学是对所总结经验的理论"提纯"，是一种以穷尽文化根由为旨趣的社会科学，它怀揣着人文主义方法上下求索介入社会的实践途径。

在这样的背景下，设计人类学中的设计学与人类学显然不是被有意拼接起来的，而是一方面基于问题意识中不同学科的各自生长而寻求相互协助，另一方面基于文化的弥漫性和互释性而自然发生的学术融汇。从理论层面，坦白说设计学更需要人类学。也可以这样理解，设计通过对于作品本身"固有"智慧的期待，将其自身与纯粹的物区别开来，而人类学的贡献则在于揭示了设计中具体化的那种思维的主体间性。[2] 设计人类学由此开始，它是以人类学视角认识设计及其文化，以人类学方法研究设计及其文化的学问。因此，理论是设计人类学最高优先级的存在方式，也可以说是设计人类学这个"法身"最常见的示人样貌。

第一节　设计人类学的理论基础

人文精神：设计人类学的原点

人文精神是整个人文社会科学的原点，在当代，其主旨是重建人性，重新强调生命价值与生命意义。之所以首先强调人文精神，是由于今天的设计学很大程度上被视作一种科学或实践工具，而缺乏在人文层面的思考。

究竟何为设计？在一般性的表述中，设计被认为是构想一种理念，再为这种理念赋予形状、结构和功能。[3] 这样的表述至少意味着，设计既是一种理念构想，也是一种实践行为。因此，设计学的实践和其方法论必须围绕着一种理念核心展开，这个核心在当代就是实现和提升人的价值。这是设计学的人文背景，也是它的伦理基础。现代设计教育的开拓者、艺术家莫霍利—纳吉（Moholy-Nagy）在其1947年出版的《运动中的视觉》中将设计的最终目的定义为"人的生活"。若干年后，人体工程学的创始人德莱弗斯（Henry Dreyfuss）用其一整本《为人的设计》诠释了设计对提升人的生存质量的意义，并强调了设计师的"家人"角色。[4] 在此之后，设计理论家帕帕奈克在1971年出版了其里程碑意义的《为真实的世界设计》，该书的出版延伸了设计在人文责任与道德层面上的思考纵深。20世纪70年代之后，"以人为本"的价值转向成为一种时代精神，即使是最为推崇设计科技论的里特尔（Horst Rittel）也不得不承认，设计师对其评判者（用户）负有最直接的责任。[5] 其言外之意是，设计不只是为人服务的，它同时也是对人的责任。

这种人本主义的观念革新昭示着设计风潮从冰冷的现代主义走进了应对多元需求的后现代主义。对于今天的人们来说，"以人为本"观念被唤起的重要意义在于，它为设计这个日常生活中无处不在的"自在"角色，激活了一种"自觉"的人文基因。"自在"意味着设计（实用美术）因其与日常生活的零距离，因此广泛受制于技术、时尚或消费习惯，从而在某种意义上欠缺道德的自主性；而"自觉"则意味着设计在前消费阶段的能动性，它重新唤醒了窒碍于消费主义经济模式中的"因人而造"的人文主义立场。

毫无疑问，"设计为人服务"在今天已经成为一种共识，设计理念的起点与实践的终点一定是人，它的实践平台一定是人的生活。正如莫霍利—纳吉所说，所有的设计问题最终都会汇集为一个大的设计问题："为生活设计"。[6] 这本应是一个不容置疑的出发点，但放眼当下的现实生活，我们却经常遇到周遭的设计与我们的体验、情感乃至道德习俗的"冲突"。一门本该是处理矛盾的学问，却为何偏偏带来了更大程度的矛盾和异化？需要探问的不再是设计的道德起点，而是设计的理论和实践系统中是否缺乏有效支撑起人文精神的手段。设计学要真正实现为"人"而设计，除了需要持守积极的人文态度，更需要借助理性的人文视角与人文科学的方法。

人类学正是在设计学人学观的缺口上对其进行介入的，其之所以能够介入，一方面是基于涂尔干（Emile Durkheim）意义上"人的社会性"的一般性共识，人之所以是人，只因为他生活在社会之中，[7] 即人是由社会所塑造而成。这就意味着人作为个体社会行动者，对他的认识需要从社会文化的角度切入。另一方面则基于人类学的学科特点，按照马林诺夫斯基的观点，文化的存在是为了满足个体基本的生理、心理和社会需求，[8] 人类学正是从社会文化角度展开对人的研究的。从一种整体人学观的角度，人类学不仅能够补偿设计学对人的理解手段的缺失，实际上还能够填补设计学相关层面的体系缺口。

与设计学相一致，人文精神是人类学的学科基础。人类学诞生于 19 世纪，它的学科追求就是分析和了解人类文化，依照费孝通先生所言，人类学是帮助我们理解我们这个人文世界的实质、构成和变化的一般规律。并且，其学术实践从分析人的生活开始。[9] 费先生的此番表述，既阐明了人类学的一般性目的，也表明了人类学与人的生活相贴近的学科实质。在方法上，人类学强调研究中调查的直接性，主张通过长期的参与式观察来抓住当地人的观点、他们与生活的关系，理解他们对其世界的看法，[10] 通过整体性描述来呈现不同地区的特殊文化现象和文化结构。其学科信度建立在对"人"观察的全面度和描述的准确度上，而这种全面和准确本身就是人文关怀的体现。不难发现，费孝通先生的"从分析人的生活开始"与莫霍利—纳吉所言的"为生活设计"遥相呼应，这种不期然的相遇充分体现出两个学科间存在的本然交集。从本质上，这个交集就是人文主义精神之所在，我们之所以能够将设计学与人类学置于一处，正是基于二者共同的人文主义支点。

设计的文化视野

在设计学的立场下，设计人类学之所以成为可能，除了二者共有的人文主义精神，还归因于人类学在理论层面对设计学形成的有益补充。学理层面上看，把社会文化的综合性和整体观纳入考量，是近年来设计学的趋势，这种现象实际上已经从侧面证明了人类学在"润物细无声"般产生着影响。过往设计学没有充分意识到这种影响的来源，因而在一种"理所当然"中把握这种整体观。但问题在于，这种所谓"整体观"缺乏理性的宏观视角，它更像是由散漫的微观视点所组成，因而有很大的不确定性。科学的整体观应该是一种将对象置入社会文化背景从而把握问题的方法。哲学家格罗伊斯曾用奢侈品品牌普拉达和古奇所推出的头巾设计作为案例，阐明在政治文化的大背景下，人们不得不在奢侈品设计中考虑到"头巾"作为伊斯兰信仰象征物的维度。他想要强调的是，设计问题不能够单独放在商品经济的角度中单独分析。[11]设计学所需要的是一种科学的整体观和一个系统的认识方式。

从实践层面，受社会分工和消费决定论的影响，以往设计学强调对专门问题的解决。对此，设计学内部也一直回响着反思之声。莫霍利—纳吉曾提出设计的理念和设计师职业必须从一种专家功能的观念转变成一种机制灵活且富有创造性的普遍而有效的态度，其设计项目不应该看起来是孤立的，而应该与个人和社会的需求紧密相关。把任何一个主题从复杂的生活中简单地提取出来，并试图将其作为一个独立的单元进行标榜都是不对的。[12]他进一步认为，设计的这种专门化观念来源于设计教育"综合性"的丧失，"它们失去了其综合能力，以至于把各种各样的经验都完全区分开"。[13]这种综合性缺失，实际上是人的整体性在工业社会中"零件化"的异化的体现。柳冠中先生曾就此倡言，"设计是以人类总体文明对工业文化、商业文化和技术文化的修正"。[14]设计学需要具备一种总体文明的视野，它首先需要一种准确地洞察文明的角度。

人类学的出场，首先补偿设计学视野上的不足。这首先得益于人类学一直兼具宏观与微观的两种学术角度，其一方面持守文化的整体性，另一方面注重具体文化的相对性。在人类学中，研究者必须对研究对象所处的自然环境、其历史、家庭组织方式、语言特征、政治经济体制、宗教、艺术等作出既全面又具体的考察，尽可能在一种整体观下理解研究对象的生理、心理与生活，从各个层面对事件和物象作综合性的分析。正如丹尼尔·米勒所说，小细节和宏大的意识形态通常是相互关联的。[15]换句话说，设计人类学的研究者通过具体的设计能够看到连接它的更宏大的命题，而这些命题能够成为设计学理论的多元视角。人类学的文化整体观对于设计学而言是一种莫大的视野扩展，设计人类学也因此具有更为广域的学术角度优势。

人类学理论介入的可能性

一直以来，设计学的特点是其能够广泛吸纳其他学科的理论和方法。设计学可以被看作是一个开放的系统，它必须不断地从其他学科吸收新思想、新观念、新方法、新理论、新形式，在学科交叉和综合中不断壮大和变革自己，以适应日益变化的社会需求。[16] 也就是说，设计学是通过吸纳整合各种资源与方法，去应对技术、经济、环境与社会的变化，寻求解决方案或形成理论建构。这种开放性是设计学自身的学科优势。但与此同时，由于实践层面在其学科内部占据统治地位，致使设计学长于实践却见弱于学理建构尤其是知识输出。设计学的理论建构，无论是早期对形式美学的探索，还是近来对人因、环境等问题的关切，其大致上都是围绕实践方法和方法论展开的，其理论体系的框架和分析问题的理论手段都不甚明确。这显然与其学科发展过程中的实践偏重有关。

纵观西方设计史我们不难发现，设计学的实践与理论一直存在着高度的共时性，从威廉·莫里斯（William Morris）的工艺美术运动，到阿道夫·鲁斯（Adolf Loos）的装饰罪行论以及包豪斯理性主义的盛行，再到艾托利·索特萨斯与"孟菲斯"小组所代表的反理性主义的成功，以至于当代设计景观中各种风格并存的纷繁多元，设计学的发展始终依赖于设计实践的更新。每一种设计风格的出现，其理论往往既是这种设计态度的宣言，也是指导设计实践的方法和方法论依据。相应地，设计理论与实践的共时性关系往往让从业者兼具理论研究者与实践者的双重身份，设计的实践者往往同时是理论的创造者和倡导者。设计理论家里特尔曾就此宣示，任何包含设计理论的创新理论都是植根于实践论，而非认识论之上的。[17] 这种认识代表着设计学的普遍立场。颇具影响力的英国设计师和理论家大卫·派（David Pye）也曾表示，"建立以意图为基础的理论，不如就结果进行设计实践"。[18]

需要看到的是，这种实践指导的目的论在潜意识里给设计学发展设下了一道障碍，那就是设计学在"技术论""工具论""目的论"的"形而下"层面的研究惯性。这似乎能解释，为什么一直以来设计学只能依赖相关学科的理论输入，而其内部很难为人文社会科学提供学理输出的原因。反观人类学，其具备自足且具有特色的学术实践方法，拥有较为完备且开放的研究范式。人类学基于长时间的参与式观察，通过对具体现象进行深度描述，对研究个案进行归纳和解释，来得出理解具体文化和其存在意义的文本。与此同时，人类学还是一种典型的定性研究，其在一种经验主义的立场下贡献理论角度与研究结论。

对于设计人类学，人类学能够给出多层次的理论贡献。例如，艺术史家恩斯特·汉斯·约瑟夫·贡布里希（Ernst Hans Josef Gombrich）曾在其谈论设计的文章《视觉图像在信息传播中的地位》中指出图像的正确解读要受三个变量的支配：代码、文字说明和语境。[19] 设计符号学者由此引用并强调了代码（符号）与语境的关系，得出了视觉符号的运用是与一定的概念规定性和具体的时间、场所等相关联的结论。[20] 但如果对贡式符号与语境关系的表述作一追溯，我们就不得不回到英国人类学家特纳（Victor Turner）基于对恩登布人的田野考察完成的著作《象征之林》，他在书中提出"如果不把它们（仪式）置于与其他'事件'相连的时间序列中，我就没法分析仪式象征符号，因为象征符号本质上是卷入在社会过程中的"。[21] 正是这部出版于 1967 年的人类学著作，为相关的学术研究贡献了将象征符号放置在动态的社会语境中考察的理论入口。

人类学立场下设计与其文化语境的关系问题是设计人类学理论的关键问题，这是其区别于一般功能导向的设计学的学术角度。

其存在于设计学者如何看待设计与文化关系的基本认识中，即设计与文化在运行中应该是互构的，在理解上应该是互释的，因此设计学与人类学应该是偕同共构的，所有关于设计人类学视角和方法的探析都从二者的这种关系开始。同时，作为理论的设计人类学的最终目的应该是催发人文思想，而非满足于制造社会科学成果。这是因为社会科学以其科学性为落脚点，它虽然也借助阐释和表达，但更多期待在于"科学"，即在于离析真实。而人文思想的落脚点在于思想，在于根本和原发的内在膂力，即对人的更加幸福美好之存在状态的思想和观念，这也是设计人类学理论最本原的驱动力。

第二节 设计民族志：设计理论的一种可能

在第二章中已经提到，民族志大概是人类学最重要的文体和工作方式，它填充了人类学的整个学术史。杰瑞·穆尔（Jerry Moore）认为民族志研究是人类学对于社会科学最重要的补充，而且民族志对于其他文化经验的翻译也是人类学对知识界最持久的贡献。[22] 作为一种对文化现象的描述和对文化整体的勾勒，民族志的书写确实为枯燥的理论注入了灵与肉，为学术化的文字赋予了"诗性"。在民族志的作品中，人们会读到类似下面这段文字的叙述：

……每次过河时，阿里分别背两个柏柏尔姑娘过。她们拉着他的头发，抓他的耳朵，就像骑在马上一样摇晃着，引得他尖叫以示抗议，姑娘们则被逗得大笑。一路上我们跑着、追逐着，手拉手相互搀扶着慢慢地爬山。苏锡的堂兄太胖了，总在抱怨，渐渐越落越远，但我们四个人依旧前行……[23]

这样的娓娓道来让民族志成为一种特殊的学术文体，它拥有一种令人平静地进入文化现场的魔力，从研究者到普通读者都能够在民族志文本中找到生动且深邃的文化图景。这无疑是设计理论书写的一种全新的可能。

理想的设计民族志是一种由设计物或设计现象展开的文化铺叙，是借由设计—人—社会—市场—信息等内容串联起来的文化景象，在其内部可能是网状的意义链结构。遗憾的是，到目前为止，市面上能够见到的设计民族志作品寥寥可数，最有影响力的是墨菲的《瑞典设计：一部民族志》。人类学家墨菲通过对瑞典设计生态的整体考察，认为所谓瑞典设计不仅意味着"好设计"，更在设计中注入了一种"瑞典性"（Swedishness），即设计中携带着瑞典国家的自豪感。进一步理解这种自豪感，其所并行的是一种全民性的价值观认同，即对"民主设计"价值观的国民认同。意识形态因素在瑞典设计造物中占据绝对的统治地位，即使是最日常化的椅子或灯泡，也有其伦理和道德意义。[24]

整部著作的主要章节包括"瑞典设计综述""建造美丽家园""在设计世界""在工作室"和"力量的展示"五个部分。在第一章"瑞典设计综述"中，墨菲认为瑞典的设计造物就如同一张图表，上面映射着人、事和意识形态等社会政治景观。其追溯了斯堪的纳维亚半岛和前民主德国的设计案例，以此说明社会民主主义的详细历史背景和设计所起到的作用。并指出，瑞典设计总是与变化的历史和政治因素有着紧密关联。第二章"建造美丽家园"回念了20世纪30年代以来"家"作为社会政治组织单位的重要意义。民族国家浪漫主义的家是国民理想交织的地方，艺术、设计和工业生产在此集中呈现。在此作者引述了艾伦·基（Allen Key）的观念，即与康德无功利美学背道而驰的为日常生活功能美学的正名。在此，美与便利、实用和功能性正相关。作者还原了这种审美观的获得是建立在瑞典社会民主政治改革的成功，而其结果是将民主意识形态嵌入到了人们生活中的日常物之中，民主的价值观也因此而积于毫末。在第三章"在设计世界"中，墨菲将设计工作放置于瑞典首都斯德哥尔摩更广泛的社会背景之中，描述了瑞典当代设计师如何在极少的政治话语影响下，仍然延续和保持着自 1930 年代以来确立的价值观和其形式气质。通过调查，作者发现设计师为了经济收入，不得不在设计理想与商业现实的矛盾中进行妥协。但同时，他 / 她们在设计实践中仍然承担着基于民主价值观的道德责任。在第四章"在工作室"中，作者通过近距离的参与式观察，深入描写了设计师日常设计实践中如何再现标志性的瑞典设计语言。作者发现协作的规范性是促成瑞典设计风格的必要条件，这是由于设计师之间的协作互动促使个性与集体的创作动能巧妙均衡，而其结果就是一个集体性的平衡的"瑞典设计"的生成。墨菲注意到，经过多年的合作，有时甚至很难确定到底是哪位设计师设计了产品，因为设计师们在实践中已经形成了共同的风格。第五章"力量的展示"从历史的角度讨论了国家和国际博览会、博物馆和宜家在宣传瑞典设计中所发挥的作用。作者还将瑞典设计的文化属性归纳为"民主""功能""现代"和"关怀"，认为公众通过这四个方面来将瑞典设计视为福柯（M. Foucault）意义上的"异托邦"。通过消费瑞典设计来实现自己的价值观，即人们所说的"为价值观买单"。作为结论，墨菲提出设计人类学下一步的研究领域在于"进一步阐述物质生产的符号学""政治系统之间的相互关系和设计师通过设计实践在塑造社会生活中所扮演的角色""风格、物质文化和广义政治学与设计实践细节之间的关系"以及"记录设计造物被制造、改良和嵌入社会的手段的发展"。墨菲在设计人类学角度提出的重要一点是，由设计观察社会文化要注意设计的事物创造与意义创造之间的耦合关系，二者是密切相关的设计社会化过程。

《瑞典设计：一部民族志》秉承了民族志生动清晰的书写体式，以叙说、论述、阐释和解析相结合的方式还原了以设计为焦点展开的瑞典文化原境。首先，作者广泛使用叙说的方式来将读众带入文化现场，使读者近距离体会文化空间中的人、事、物。例如作者这样叙说他们参观展览的经历：

在一个寒冷的二月夜晚，在斯德哥尔摩市中心附近，我和我的朋友海伦娜迷路了。我被邀请去奥斯特马尔姆（Östermalmstorg）附近的一个独立家具展，那不是一个特别复杂的地方，但我被告知的尼布罗加坦（Nybrogatan）地址似乎完全不适用。那是一家高档酒店，不是一个展览空间，当海伦娜和我走进大厅时，我们什么也没看到，只有几个酒店客人在酒吧里安静地喝着饮料。我们困惑地退回到寒冷的夜晚中。我们站在人行道上，查看着大楼的编号，注意到酒店窗户上的一个标志，引导游客拐弯去一个叫"我们要去地下"的地方。往小巷里看，我们找到了一直在找的东西。[25]

与叙说并置的是作者的感受性书写，即论述的过程。论述有助于使读者理解研究者在特定的原境（Context）中对人、事、物、话语的感受是怎样的。书中这样论述设计师工作的方式：

从某种意义上说，这种短暂的互动并没有什么特别之处，这是设计师之间的一种常见交流，几乎在任何设计工作室都会发生多次。但从真正意义上说，正是在这些非常小的动作和语言游戏中——把笔拿在纸上，边画边说，提交想法以供评估——真正的设计工作才得以开展，形式的给予才得以展开。[26]

阐释是作者进行推阐和释疑的过程，其基于经验与知识的共同作用，经由推索而形成对事物或现象的解读。阐释是作者观点和理论形成的重要过程，也是对观点和思想的主观化表达。

在设计交互中，设计物由其设计者赋予形式的过程在很大程度上被组织为指示性话词和通过性话词的重叠序列，也就是说，作为交互式矩阵的话语，其结构形式通过一个复杂的网络组织来推移、拉拽和定位，不断导致一个意外的设计出现。作为知识性话语，一些语句会施加一种力量，将设计推向某个方向，并限制其发展轨迹。[27]

解析是作者基于整个田野考察过程中的信息和数据收集，所进行的科学化的总结、分析和解释。解析是设计民族志作品中强调不同方法交叉的部分，尤其是量性分析的适当引入，会增加解析结论的信度，当然这一点在书中没有列及，可以看出作者仍然偏向描记和推阐式的经典民族志体式。《瑞典设计：一部民族志》中的解析建立在对现象、文本和话语的分析上，所得出的结论有些介乎于阐释和解析之间。如在结论中，作者写道：

可以肯定的是，从同一组事实中，政治和设计之间的关系可以从多种不同的角度来解读……无论设计的政治效用是出于自由主义目的还是出于狭隘主义目的，它的运作机制在很大程度上都是相同的。[28]

作为设计民族志的开山之作，墨菲的著作将叙说、论述、阐释与解析结合得巧妙得当，体现了作者扎实的研究基础和独到的研究视野。叙说（或者说描记）、论述（或者说感会）、阐释与分析，这四者相结合的书写方式也构成了设计民族志重要的成果范式，其既可以为设计相关理论研究所借鉴，也可以成为设计研究的若干文体之一种。

第三节　设计人类学与设计文化研究

设计民族志是设计人类学由设计演绎社会文化研究的一种独特方式，对设计文化的研究是设计人类学理论建构的核心任务。在设计人类学的视野中，设计与文化是互构的，二者在各自的推展中互为因果，相互融合。如果分别看待，设计大致上是微观的，文化大致上是宏观的。《中庸》所言的"致广大而尽精微"可以说明在设计这个微观存在中能够映射出宏观的社会文化。文化由于其过于宏观因而不易把握，必须从微观的事物着眼，基于设计与文化之间的互释与互构来洞悉文化，并形成特定视角的文化书写。设计人类学所秉承的文化观是"活态的文化"观，即将文化视为一条生生不息的河流，文化始终在一种连续性和历时性的流变之中。

由于文化既是连续的也是变化的，而人只能以自己所存活的时间来衡量事物，因此以这个生者世界的时代为界尺，人们面对着传统与现代这两个时间向度和意义维度。在第二章中，本书认为设计人类学理论研究的田野拥有四个基本学术角度：**一是传统生活的传统问题；二是传统生活的现代问题；三是现代生活的传统问题；四是现代生活的现代问题**。这四种设计问题也是设计文化研究的四种主要面向。

传统生活的传统问题

传统生活视角的关键词是"传统"二字，"传统"不是"古"，传统是在连续的历史中形成并保留至今的东西，传统始终向未来打开并连接着未来。传统是一种筛选机制，并不是所有的"新"

都能够成为传统，大部分的"新"或时尚都会消失在历史中。所谓传统生活，指的是群体经年累月的日常生活所积存下来的人们依然持守的部分。通常情况下，今天人们所讲的传统，往往指代着农耕文明中的一些文化准则、审美趣味、道德规范和生活实践方式。能够被留存下来的传统，必然在现代生活中仍然存有意义，而许多失去的传统，却未必就真的活该失去，这当然是"现代生活的传统问题"，但在此可以作为"传统生活的传统问题"的参照点。

在设计人类学的论域中，"传统生活的传统问题"实际上是研究者将视角聚焦到传统设计的问题和其所处的传统生活的文化原境，用观察和回溯的方式来找寻、认识、理解和感受传统设计及其文化，用民族志的方式来描记和阐释它们，从传统之传统中建构出文化现象所凝结的知识和理论。此中，民间工艺就是传统生活之传统问题的最典型的来源，其本身就是传统意义上的设计。传统民间工艺与古人的存在方式息息相关，从日常起居、生产劳作到婚丧嫁娶、宗教俗信，民间工艺无处不在。从最微观的工艺器件上或许都能看到整个民间文化的缩影。同时，民间工艺有大量的传统文献支撑，含纳着深广的传统智慧。诸如《考工记》中所阐发的"天有时，地有气，材有美，工有巧，合此四者然后可以为良。材美工巧，然而不良，则不时，不得地气也"。中国传统的造物智慧在此被一语道尽。《韩非子》中的"和氏之璧，不饰以五彩；隋侯之珠，不饰以银黄。其质至美，物不足以饰之"，《牟子》中的"至实不华，至辞不饰"，都包含了中国传统文化中含蓄典雅的美学思想。与设计人类学更为切近的思想在于文化与造物的关系思考，《孔子·雍也》里有一句非常有意思的话，"子曰：觚不觚，觚哉？觚哉！"

大意是说孔子看到一个改变了形制的觚，于是发出感慨：觚已经不是原来觚的样子了，那它还能叫觚吗？它怎能是觚呢！此中觚的形制、规式都与既定的身份地位相关，对器具形制的改变动摇了其文化中稳态的对应性。从此番表述中，能够看出工艺所携带的象征意义和社会功能，它们都体现出中国传统造物与传统文化之间的深刻关联。非常幸运地，诸如此类的表述都被记录在古籍典章之中，能够为传统工艺和传统生活的理论研究提供互证的材料。

"传统生活的传统问题"实际上也是一种研究视角的选择，这种视角即是一种设计史学观。其形成的理论依据是建立在对历时性的设计和历时性的生活二者的意义耦合的基础上的，这种历史的理论观强调对现象的呈现和知识的析出，其成果形式是史学化的文本，其意义落脚于人对传统文化的认知、理解和认同。在此，其临近的民艺学和工艺美术史两种学问都不能完全覆盖其研究领域，而是可以相互形成角度或方法上的补足。

传统生活的现代问题

现代生活中包含着传统的生活方式，或者说，传统的生活方式在现代生活中仍然占据着重要地位，体现着重要价值。本土设计学界历来非常认同传统在现代社会中的价值，形成了许多既动人又深具启示性的阐发，诸如"智"与"慧"是矛盾统一体，"智"是急中生智、小聪明，中国人天然具有而不用学，我们缺的是"慧"，"慧"是定力、标准，是不要钻空子，是远离不正之风……中国设计的选择是理解"慧"之后充分发挥"智"的功能，用技术来实现自己的理想。设计能够使人类未来不被毁灭，因为它不完全服务于高技术，它会制约高技术、引导高技术。[29] 当然，在现代生活中，并不是所有传统都是有效的，也不是所有传统都是容易接受的，尤其是在文化融合或冲突的时代。有些"坏"的传统改变了其外化的形式得以存续下来，而有些"好"的传统因为过分艰深僵化可能就被人们遗弃了。此中的"好"与"坏"都是与现代生活对比所形成的相对判断，并不绝对，因为传统的价值并不是基于判断，而是基于容受。也就是说，传统是在人的生活实践中生成、变化和（即将）弃掷的。一旦传统被弃掷，它就成为"古"，即死掉，或曰作古。然而设计人类学关注的是活着的文化，一方面希望通过传统工艺挖掘传统智慧从而能够解决现代问题，另一方面希望对传统中不再符合现代生活方式的那部分存在作出创造性转化的可能。因此，传统生活之现代问题的设计人类学，其主要工作是在传统工艺中找到贯通当代生活的审美、功能、思想或哲学，以传统工艺及其文化的现代应用为意图和指向。

但用设计的方式将传统文化融入现代生活绝非易事，因为它既牵扯到"知"的层面，也涉及"行"的层面。虽然我们已经很清楚"新总是从旧，从引述、对传统的指涉，从对已经存在事物的修正和解读中出来的"，[30] 但其思路仍然有必要不断复述，它需要实践者对传统和现代两方面的清晰理解，从而实现全面而综合的把握。首先，需要了解传统设计的形式，继而洞晓其功能；其次，需要了解传统设计的造物手段，理解其造物思想；最后，需要了解传统设计的文化功能，体悟其与传统生活和其文化的关系。理解了以上三点，就需要对传统设计（工艺）进行价值认定，需要认识到它在现代生活中的对应空间和转化空间，而这就要求设计人类学的实践者理解现代生活。首先，需要认识到现代人的文化需求，窥察人在社会生活中的困境和痛点；其次，以一种文化责任来观察社会，发现社会中机制面的缺陷或弊端；最后，找到传统设计（工艺）及其思想中能够补偿现代生活问题的线索，找到传统与现代的连接点。做到以上六点，才具备了创造性转化的条件，从而开始进入创造性的设计实践工作。这种传统生活之现代问题的设计人类学理论，可以通过此六个角度来展开思考。这种理论可以称为设计转化观下的设计人类学理论，其是以设计人的视角创造性地发现问题、形式、功能和活动中的转化可能，为设计实践提供思想基础，从而最终实现创造性转化的设计实践目标。

现代生活的传统问题

正是由于传统生活中所包纳的智慧和思想能够让其生生不息，我们才会在现代性的困境面前重新看待传统，从中寻求破解的可能，或是从中寻得安慰。如果说"传统生活的现代问题"指向的是对传统的转化，那么"现代生活的传统问题"就指向对传统的护持。这是一种建立在深切地体认传统和热爱传统基础上的研究视角，它强调那些现代生活中既存的活态传统工艺的价值，理解这种价值为何存在，并且在现代生活和文化中的意义为何。

这是一种真切地理解本土文化的视角，它重构着对传统的"以人为本"的认识，也即让我们认识到文化根性下的人与人、人与自然的关系到底是怎样的？古人如何处理这种关系？而今天的我们又如何实践这种关系？苏州桃花坞年画中最著名的题材是"一团和气"，"调和"与"和谐"体现出人们对"和"的体认，通

106

过自我约束和自我调适来应对外界的变化。对"一团和气"这种原物和文化原境的留存，是为了在未来某一时刻的调取。因为那些原初的作品保留着与创造它的人类活动的关系，这种关系是潜在的、不可或缺的，正如它保留着对今后总有一天会感知到它的主体活动的诉求。[31] 在现代生活中认出传统并守护它们，就是为文化的未来提供更多的可能性。需要认识到，文化中的每一个"我"是具体关系相交融以及具体关系从其开始的抽象的点。我们由此可以通过自身内部的这些关系结点来"识别"自己。[32] 传统设计（工艺）就是连接和承载着文化的节点，它们指示着我们的来路。于是，即便是在文明嬗变、文化断裂或是西风东渐的复杂背景下，我们的血液中所携带着的传统文化基因依然催发着我们持守文化的内驱力。

这也是设计人类学文化使命感的显现，因为在对文化的观察和判断中，设计人类学认为并不是所有的传统文化都适合被转化，或者说，转化并不一定是传统文化存在的唯一必要形式。正如盐野米松所说，"手工业活跃的年代，是一个制作人和使用人生活在同一个环境下，没有丝毫的虚伪的年代。社会的变迁势必要使一些东西消失，又使一些东西出现，这是历史发展的惯性。但是作为我们，更应该保持的恰恰就是从前那个时代里人们曾经珍重的真挚的相互信任的感情"。[33] 因此，基于对传统工艺及其文化乃至情感的理解，设计人类学会形成这样的判断，即尽可能记录或贮存一切传统工艺及其文化空间，尽可能保持其原汁原味，尽可能让未被完全异化的传统返本还原。这可以视作一种设计遗产观，它和设计转化观分别满足人们对文化样态的某种特定期待。人们之所以批评时尚（新），是因为人们相信，思想的唯一职责就是去捍卫那些在过去就被发现的真理应该保持不变。而人们相信思想的目的是为了发现一种新的普世真理，而这种真理可以完全决定未来的走向。[34] 这可以说是设计遗产观的要义，设计人类学通过对现代生活中传统问题的关注，对传统工艺及其文化思想的收存和珍藏，来保留和延续传统智慧和思想。

现代生活的现代问题

"现代生活的现代问题"是设计人类学的另一块主要论域，因为它抛开了传统的视角，而聚焦于新生活中的新问题和新文化。它首先是对现象的认识和发现，这之中当然不能绝对地筛除传统思想意识的作用，事实上每一种视角都不能绝然地将传统剥离掉，在此只是一种相对的思想界定。就像余英时先生所说的，具体的现代生活都是具体的文化在现代的发展和表现。[35] 在现代生活中，不断涌现的新问题，为设计实践、设计创新理论和设计批评都提供了空间。由于设计人类学对文化整体性的关注，因此其会特别留意现代设计在现代文化中的价值与意义，注意研究中对现代设计和现代问题关系的反思，在此意义上，其更偏向于持守着一种设计批评观。也就是说，设计人类学本身包含了一种批判式的、审视的思维习惯。这让其表现出与人类学那种"无分别心"的学术情怀的不同之处。设计人类学很多时候是一种内在的调和，一种以某个立场为出发点开始的，以悬置立场参与和观察的，以某种立场辍止或结束的研究过程。

理论层面设计人类学的现代问题关注设计批评文本的信度和效度。批评的信度来自于系统化的田野工作，田野工作的扎实程度决定了对问题的认识是否深入和准确；效度来自于设计批评的视角、文笔和传播手段，视角是见出问题，见出问题要能以犀利的文笔来剖析问题，提出可能的解决方法，传播手段是让批评形成规模化的共鸣，以期得到更广泛的回应。设计批评信度获得的关键是田野工作的技巧和能力训练；而效度获得的关键在于研究者对文化真切的热爱，对文化所具有的责任感，以及在此基础上敏锐的问题意识。设计人类学的批评观也基本可以在宏观和微观两个层面着眼，宏观的设计批评从设计的整体情况通盘展开，包括对整个设计行业的反省、对设计教育的反省、对设计与人关系的批评、对设计所处的社会文化机制的批评、对设计与自然关系的批评等。微观的设计批评从具体的设计物、设计形式、设计事件或活动展开，以小见大，最终仍然指向设计文化的整体观。例如，设计道德和责任的讨论，其一直是现代设计的重要议题，许多设计实践者、教育者和思想者都有这方面的自觉。柳冠中先生基于对中国设计状况长时间的观察提出，设计是无言的服务、无声的命令，它不动声色地在引导人的行为变化，而不是腐化人格，必须发挥设计能够调动人类追求单纯、和谐、美好的智慧，陶冶我们的内在潜能，而不是追逐占有、享受、沉溺于奢侈，这就是在创造未曾有过的生存方式。[36] 这当然是诸多设计批评观的一种，面对现代生活之现代问题的设计人类学总体上就是通过观察和批评，来给出面向未来的解答或启发性的思考。

上述四种面向是设计人类学理论研究的基本进路。尽管是进入研究的捷径，但研究者在面对不同问题时还需要仔细分辨，找到准确的理论落脚点，在学术研究中酌情对几个面向、几种角度加以综合。

第四节 设计人类学与设计批评

> 对于人类意识而言，否定词的出现就是一个创世事件，它创造了思想的复数可能世界。
>
> ——赵汀阳

在普遍意义上，设计批评与文化批评、文学批评、艺术批评都不同。设计批评的前提是设计结果指向了一个清晰明确的设计预期，要么某设计被复杂化了，要么某设计被简单化了，要么某设计没有针对预期而离题了。这其实是在以另一种方式强调设计的目的论和其功能先行的事实。如果设计批评超越了设计结果所在的设计讨论边界，那么它就有可能陷入为了发问而发问的泥淖，也有可能不再被划归到设计批评之中，以至于设计理论家往往不愿意过多跨过这个边界，这也是设计批评本身容易缺乏文化解释力的原因之一。

纵观设计作为一种学的历史，似乎其理论和其批评同出一辙。正是威廉·莫里斯、约翰·拉斯金（John Ruskin）和奥古斯塔斯·普金（Augustus Pugin）等对维多利亚时期矫揉造作的设计风格的批判，催生了"工艺美术运动"（Arts and Crafts movement）的实践和理论。阿道夫·卢斯的《装饰与罪恶》又通过批判设计中的装饰性开启了现代主义设计的美学方向。理论家维克多·帕帕奈克首先是设计批评家，他在《为真实的世界设计》初版序言中的言论足以让所有设计从业者感到难堪，"也许只有一种职业比工业设计更虚伪，那就是广告设计，它劝说那些根本就不需要其商品的人去购买，花掉他们还没有得到的钱；同时广告的存在也是为了给那些原本并不在意其商品的人留下印象，因而，广告可能是现存的最虚伪的行业了。工业设计紧随其后，与广告人天花乱坠的叫卖同流合污"。[37] 他不仅批判设计，也批判设计理论，他说："在为数众多的成文的设计书中，讲'如何去做'的成百上千，它们自以为是地向其他设计师读者或学生宣传着自己。而设计的社会语境，以及公众和一般读者却被抛到了脑后"。[38]《为真实的世界设计》的半部书都是借由对当时设计状况的批判而形成的观点，正是这些观点掀起了后来的设计伦理、设计责任、设计与需求、设计与生态等深具影响的设计理论与实践的浪潮。

设计人类学中的设计批评面向是一个观察、怀疑、分析、思辨和追问的过程，它的批评对象是设计与文化之间相互发生作用的那部分内容。这在许多时候容易被看作为以人类学的视角和方法来进行设计批评，其贡献依然可以被放诸设计理论的范围之内。对此，如果能够实现帕帕奈克那样的理论传播效果，对包括设计学科之外的知识界形成普遍意义，那么作何学科归属实际上都无关痛痒。帕帕奈克的批评实际上真正提升了设计师和设计研究者的价值，因为一项工作一旦与伦理和道德相连，那么它就容易变得崇高。帕氏对设计有这样的期许，设计师必须意识到他的社会和道德责任。通过设计，人类可以塑造产品、环境甚至是人类自身，设计是人类所掌握的最有力的工具。设计师必须像明晰过去那样预见他的行为对未来所产生的后果。[39] 设计师虽然对其设计产品负有责任，但设计师的责任问题所指向的是更深层次的商业社会的"消费主义"问题。今天的人们已经越来越清醒地认识到，理性地看待消费有利于更深入地认识社会问题。一方面，消费刺激欲望，让消费者在欲望满足的同时也实现自我的价值，从而促进经济发展；另一方面，消费导致人心异化、铺张浪费、价值观丧失，进而导致文化的分化。[40] 在帕帕奈克的视角看来，设计活动无疑是消费问题中的核心部分，它不仅设计商品，也设计购买商品的欲望机制，更设计传播中的各种感官伴随。可以说设计笼罩着消费，也笼罩着商业社会。哈尔·福斯特（Hal Foster）也认为，设计确实可以给人们带来"风格"，能够指引人们找到一种半自主性的活动空间，但设计也让人们陷入当代消费主义这个近乎完满的循环系统中。设计关注的是欲望，但奇怪的是这种欲望在今天似乎已经失去主体，或者说设计似乎带来了一种新式的自恋，空有外表，没有内涵——是对主体的神化，但同时也可能让主体消失。[41] 在此意义上，设计如何处理消费文化的内在矛盾就成了解决社会文化异化问题的门径，它为设计人类学的批评面向提供了一个持续敞开的切入点。

经济学家凡勃伦（Thorstein Veblen）早就提出了警告，精英们在利用消费工具制造焦虑的过程中扮演着重要角色。事实证明，对于穷人以及想爬上更高阶层的奋斗者们来说，物质性凭借其具有象征意义的"诱饵"，诱导人们自投罗网。遗憾的是，设计师是以创造"诱饵"为职业的消费主义的帮凶。我们在当下经常能够看到的都市消费现象是，一些中产采取透支月薪的方式去进行奢侈品消费或时尚符号消费，以此来为自己制造一个虚幻的跨阶层假象，由此来实现自己"确在"的短暂价值。设计师在此制造了一系列虚伪的幻觉，既帮助人们实现了欲望的价值，却又利用不断创造假象来掠取更多的价值。帕帕奈克怀有警惕性的批判道出了问题之所在，如果所有的社会和道德责任都被除去，如果真的任由"广告—设计—生产—市场调查—获取暴利"这一个复杂商业链条为所欲为，那么会发生什么样的事情呢？在来自心理学、工程学、人类学、社会学以及媒体的"科学家"团队的帮助下，他们会把世界的面目变成或者歪曲成什么样呢？[42] 然而，尽管这种呼喊已经存在了至少半个世纪，但我们却能发现，今天

112

的商业社会还在变本加厉地攫取和制造人的"需要"。这种讽刺性的现实多少说明了设计是带着"原罪"的，也就是说，对其进行批判的角度需要从宏观走向中观乃至微观。虽然认识到了设计只不过是消费主义商业链条中的一环，但帕氏仍然坚持认为设计师的能动性以及设计本身的独立运作是整个社会文化关系改善的枢机。设计是为真实的世界上真实的人的真实需要而服务，这个命题既浩大又幽邃，设计人类学无疑应该沿着其所开启的这个大的问题域，继续向深广处求索。

有意思的是，在消费这一问题上，人类学家却并没有体现出设计学家那样的悲观情绪。丹尼尔·米勒就认为从意识形态方面考量，消费既反对左派的禁欲主义，又反对右派的保守主义。人们需要摆脱批判论的观点和认为消费诱惑消费者的观点，需要客观化地认识到使用物资和享受服务的过程是改造社会的行为，也是人们用以理解自我的方式。[43] 米勒的立场是中立的，不得不说这是人类学应有的基于分析和审视的学术立场。这为设计人类学提了个醒，那就是研究者在道德观和价值观先行的前提下，仍然需要持守着冷静观察与实践的原则，需要在参与式观察和参与式实践中不断换位思考，有时甚至需要以否定之否定来调适和改变一些业已形成的价值观。因为设计人类学的批评观最终所形成的是关于人类精神性和思想性的理论，而不仅是知识性的理论，这是两个层面的理论。知识决定知道什么是正确的事情，而精神决定什么是有价值的事情。[44] 这是帕帕奈克的职业局限或时代局限，而面向未来的设计人类学应该超越这一局限，穷诘一种文化整体观下的设计人类学批评观。在这种批评观下，首先，设计不只是使用功能的对应物或对应符号；其次，设计与商业之间的关系不只是伦理的和道德的，需要用整体观来认出其多侧面意义；最后，设计不仅负实践责任，还负有理论责任，即由"作"走向"述"，在"作"与"述"的两端发现问题，设计人类学强调设计的文化意义，将其作为知识生产和文化生产的学问来看待。

设计人类学需要认识到其批评观的根本意义，它显然不仅是为了揭露问题而存在的，而是为了从否定性的意向开始去展开思辨和追问。否定是从思考迈向思想的重要一步，批评是通过否定与辨析的过程让人们从不同角度、不同层面去认识和理解被批评的人、事或物。提出否定性的观点是批评的前提条件，而否定并不一定是站在被批评的对立面，而往往是通过否定来呈现事物的不同侧面。正如否定词的意义远远不限于提出"相反"的判断，从根本上说，是提出了"不同"的判断，就是说，在最基本的形而上意义上，否定词开拓了任何意义上的一切"别样可能性"，这些可能性使思想获得了无穷空间，进而促成了无穷的思想。因此，否定词就是思想和逻辑的第一支点，否定词的出现正是意识进入反思状态而生成思想的临界点。[45] 否定性的批评是事物发展的必要前提，不但设计如此，万事万物莫不如此。冯骥才先生曾说过一句话，原意是在人与人的对话中，一个人点头，那么对话就结束了。同样的道理，只有提出不同的观点，才能保证思想的在场，才能确保对话空间的持续存在。

在设计人类学中包含了批判性的立场，因为批判思维是创新的来源，真正的创造力并不能还原为自由组合和联想，而在于能够提出新问题，或者改变旧问题，改变既有思路，重新建立规则和方法。[46] 这与社会文化人类学多少有些不同，设计人类学有参与文化实践的意图，于是它崇尚创造力。因此，它虽然在观察等一系列学术实践过程中持守着中立态度，但不代表其没有价值观作为依据，更不代表其对文化实践结果没有预期。因此，批判性思维是设计人类学不同于一般人类学的特性，这种批判性中不包含对存在的否定，因为存在的意图是生生不息，这是一切问题、一切行为、一切选择的前提。[47] 设计人类学批判的命题主要指向设计所牵涉的文化，其理论的落脚点也是基于设计问题的文化生产。

这就涉及一个如何认识文化的问题，特里·伊格尔顿（Terry Eagleton）总结了"文化"的四种主要含义：①大量的艺术性作品与知识性作品；②一个精神与智力发展的过程；③人们赖以生存的价值观、习俗、信仰以及象征实践（Symbolic Practice）；④一套完整的生活方式。[48] 不难发现设计在此中以一种"变在"的方式存在。它有的时候是一个独具象征意义的决定性的单元，比如国家的国旗或徽章；有的时候是一个连接人与人的结点，比如某个导视符号；有的时候是一种促使消费发生的视觉影响；有的时候是一件在日常生活中折射家庭关系的产品；有的时候是一种价值观的投射……总之，从整体的文化观中理解设计，就容易找到设计在社会文化中的批评角度。

设计人类学的批评观还涉及认识设计的角度以及研判设计的方法，其会认为基于数据的信息设计提供了很好的技术规范，创造了技术和数据的美学，但却缺乏道德规范，人在其中完全是被结构化舍弃了的，毫无价值的存在。设计人类学呼唤设计的道德责任和政治责任的同时，也在意美学责任，甚至认为在美学责任中就显现着道德责任。这些老生常谈的问题并不是没有了，只是被搁置了。包豪斯的名导师伊顿（Johannes Itten）在现代主义美学的开端就提出了"我们外在世界中的科学研究和工业技术必须通过内在的思维和精神力量来平衡"。[49] 问题在于设计理论在强大的市场驱力和实践惯性面前就像款语温言，它想要发挥价值就必须介入到真正的文化中，在文化理论的意义上而不是设计理论的意义上走向公众。

也就是说，设计人类学是给设计学开了一个口子，让设计作为各种学科的对象，让设计彻底向思想打开，比如设计完全可以作为一种美学现象，设计不仅是设计的结果，也是设计行为本身。在《物的形状：设计哲学》中，哲学家弗拉瑟谈及这样的认识，"在西方，设计造就了与世界互动的人，而在东方，设计则是人们跃出世界并体验世界的方式。如果人们以其本原含义来理解'美学'（即对经验敞开）这个词，那么在东方，设计就是纯粹的美学"。[50]这只是一个非常极端的设计思考的案例，它提醒我们，设计学本身有非常好的跨领域科研的基础，真正的设计实践者注重"在盒子之外思考"（Think Out of The Box），有见地的设计理论家也珍视不同的理论和视角，因此设计人类学只是提供了一个扩宽理论渠道的专门领域。

设计人类学的理论对象是设计学所包纳的设计现象与事理之外的部分，批判性思维是其形成丰富的理论与人文思想的一个接口。与一般人类学不同而更趋近设计学的是，设计人类学作为一种另类的（Alternative）设计批评，它的路径上除了文化的理解之外，还有更为直接的观察式参与，理论与实践的共在让设计人类学体现出更强的学术张力。

参考文献

[1] 拉比诺.摩洛哥田野作业反思 [M].高丙中,康敏,译.北京:商务印书馆,2008:143-145.

[2] 苏珊·库勒.材料与设计 [M]// 艾莉森·克拉克.设计人类学:转型中的物品文化.王馨月,译.北京:北京大学出版社,2022:21.

[3] G. Nelson, E. Stolterman. The Design Way: International Change in an Unpredictable World[M]. Englewood Cliffs, New Jersey: Educational Technology Publications, 2003: 1.

[4] Dreyfuss. Designing for People[M]. New York: Allworth Press, 2012: 28.

[5] H. Rittel. The Reasoning of Designers[M]. Sruttgart: Institut fur Grundlagen der Planung, Universitat Stuttgart, 1988.

[6] 拉兹洛·莫霍利 - 纳吉.运动中的视觉:新包豪斯的基础 [M].周博,等,译.北京:中信出版社,2016:34.

[7] 涂尔干.道德教育 [M].陈光金,等,译.上海:上海人民出版社,2006:238.

[8] 穆尔.人类学家的文化见解 [M].欧阳敏,等,译.北京:商务印书馆,2009:155.

[9] 费孝通.文化与文化自觉 [M].北京:群言出版社,2016:162.

[10] 巴特,等.人类学的四大传统 [M].高丙中,等,译.北京:商务印书馆,2008:27.

[11] Boris Groys. Going Public[M]. Berlin: Sternberg Press, 2010: 34-35.

[12] 拉兹洛·莫霍利 - 纳吉.运动中的视觉:新包豪斯的基础 [M].周博,等,译.北京:中信出版社,2016:34.

[13] 拉兹洛·莫霍利 - 纳吉.运动中的视觉:新包豪斯的基础 [M].周博,等,译.北京:中信出版社,2016:7.

[14] 柳冠中.设计的目的:提升生命品质 [J].设计,2015(1):30.

[15] Daniel Miller. Stuff[M]. Cambridge: Polity Press, 2010: 99.

[16] 李砚祖.设计艺术学研究的对象及范围 [J].清华大学学报(哲学社会科学

版），2003（5）：73.

[17] H. Rittel. The Universe of Design: Faculty Seminar, College of Environmental Design[M]. Berkeley: Institute of Urban and Regional Development, University of California, 1964.

[18] 彼得·多默. 现代设计的意义 [M]. 张蓓，译. 南京: 译林出版社，2013: 141.

[19] 范景中. 贡布里希论设计 [M]. 长沙: 湖南科学技术出版社，2001: 110.

[20] 徐恒醇. 设计符号学 [M]. 北京: 清华大学出版社，2008: 167.

[21] Victor Turner. The Forest of Symbols: Aspects of Ndembu Ritual[M]. Ithaca: Cornell University Press, 1967: 20.

[22] 穆尔. 人类学家的文化见解 [M]. 欧阳敏，等，译. 北京: 商务印书馆，2009: 6.

[23] 拉比诺. 摩洛哥田野作业反思 [M]. 高丙中，康敏，译. 北京: 商务印书馆，2008: 72.

[24] Keith Murphy. Swedish Design: An Ethnography[M]. Cornell University Press, 2015.

[25] Keith Murphy. Swedish Design: An Ethnography[M]. Cornell University Press, 2015: 89.

[26] Keith Murphy. Swedish Design: An Ethnography[M]. Cornell University Press, 2015: 130.

[27] Keith Murphy. Swedish Design: An Ethnography[M]. Cornell University Press, 2015: 144-145.

[28] Keith Murphy. Swedish Design: An Ethnography[M]. Cornell University Press, 2015: 213.

[29] 柳冠中. 工业设计——"中国方案"的践行 [J]. 吉林艺术学院学报，2019（6）: 14.

[30] 鲍里斯·格罗伊斯. 论新: 文化档案库与世俗世界之间的价值交换 [M]. 潘律，译. 重庆: 重庆大学出版社，2018: 57.

[31] 福西永. 形式的生命 [M]. 陈平，译. 北京: 北京大学出版社，2011: 25-26.

[32] Vilem Flusser. The Shape of Things: A Philosophy of Design[M]. Trans. by Anthony Mathews. London: Reaktion Books, 1999: 104.

[33] 盐野米松. 留住手艺 [M]. 英珂，译. 桂林：广西师范大学出版社，2012：339.

[34] 盐野米松. 留住手艺 [M]. 英珂，译. 桂林：广西师范大学出版社，2012：27.

[35] 余英时. 中国思想传统的现代诠释 [M]. 南京：江苏人民出版社，2003：2.

[36] 柳冠中. 工业设计——"中国方案"的践行 [J]. 吉林艺术学院学报，2019（6）：14.

[37] 帕帕奈克. 为真实的世界设计 [M]. 周博，译. 北京：中信出版社，2013：35.

[38] 帕帕奈克. 为真实的世界设计 [M]. 周博，译. 北京：中信出版社，2013：37.

[39] 帕帕奈克. 为真实的世界设计 [M]. 周博，译. 北京：中信出版社，2013：107.

[40] 戴泽. 消费 [M]. 邓芸，译. 北京：商务印书馆，2014：5.

[41] 福斯特. 设计之罪 [M]. 百舜，译. 济南：山东画报出版社，2013：32.

[42] 帕帕奈克. 为真实的世界设计 [M]. 周博，译. 北京：中信出版社，2013：109.

[43] 戴泽. 消费 [M]. 邓芸，译. 北京：商务印书馆，2014：37.

[44] 赵汀阳. 第一哲学的支点 [M]. 北京：生活·读书·新知三联书店，2013：6.

[45] 赵汀阳. 四种分叉 [M]. 上海：华东师范大学出版社，2017：61-62.

[46] 赵汀阳. 四种分叉 [M]. 上海：华东师范大学出版社，2017：103.

[47] 赵汀阳. 第一哲学的支点 [M]. 北京：生活·读书·新知三联书店，2013：7.

[48] 特里·伊格尔顿. 论文化 [M]. 张舒语，译. 北京：中信出版社，2018：1.

[49] 约翰内斯·伊顿. 造型基础 [M]. 杨继梅，译. 北京：北京科学技术出版社，2021：6.

[50] Vilem Flusser. The Shape of Things: A Philosophy of Design[M]. Trans. by Anthony Mathews. London: Reaktion Books, 1999: 72.

第四章 | 设计人类学的实践维度

理想的情况下，任何理论的起点和终点都是实践。举例来说，"设计是让生活变得有意义"，这无疑是一个理论命题。要理解这个命题，设计理论家就首先需要理解"什么是有意义的生活"，而既不是靠批评无意义来获得意义，也不是通过描述意义来褒奖设计对生活的意义。哲学认为生活的意义必须能够实现在日常生活中，才是广泛有意义的，才是实实在在的。[1] 设计人类学的回应是为了获得这种实在的意义，必须进行实践。社会文化人类学的实践可能通过转化为某种政策法规或管理制度来实现，也可能通过书写一系列有影响的著作来实现。而设计人类学采取了更为微观而直接的方式，那就是通过参与设计实践来实现意义。这是设计实践作为其存在意义的大前提所决定的，设计研究与其他学科的研究并不相同，只有围绕现实问题，以实践的方式来开展，其成果也才更易得到检验。[2] 这当然也是设计人类学本然地区别于社会文化人类学的地方，它在与设计的合作中将自身融于其中，最终形成设计成果，从而实现其文化实践的意图。

　　"设计让生活变得有意义"的同义表述是"为人的善在而设计"，其大意就是为了人获得幸福感而设计。幸福在此中是终极目的，设计是其手段。本质上，所有设计的出发点都是"好"的，都必然以人的幸福感为宗旨,当然刑具和某些"坏"规则也是被设计出来的,但它们的设计初衷并不是为了惩罚或制造混乱,而恰恰是为了维护人的权利和公共秩序。因此,设计人类学的基本价值观在于,所谓生活的意义,无非是通过设计让人获得幸福,而幸福又是一种主观经验。那么关键问题就在于这个幸福如何定义?如何能让个体感受被承认为一种共性化的集体感受。赵汀阳先生有一番深具启发性的推阐,即一个人如果让他的生活成为一个创造性的过程,就会是幸福的。想要实现这种创造性生活,一方面,需要在日常生活的普通细节中表现出人的创造性,因为生活从根本上说是一系列细节,细节就是存在;另一方面,创造性在于"给予"而不是"接受",一个生动的例子是"只有爱别人才有爱情,只是得到别人的爱仍然还没有过爱情,真正的爱情只想到别人而想不起自己,它是勇往直前的、毫不计较的"。[3] 因此,真正的幸福感是通过"利他"而获得的。

这是设计人类学参与设计实践的价值基础和认识论基础,它与一般意义上的人类学所展现出的中立态度也是不同的。与设计批评一样,设计实践也建立在一套业已成形的价值观的基础上,只不过在实践过程中,研究者需要秉持中立和开放的姿态去不断更动自己固有的看法。设计人类学所奉行的利他原则既体现在"为人的善在而设计"的主观的学术实践过程中,也体现在对设计成果与人在应用中所产生的关系上。就是说,设计人类学一方面想要理解的是人的需求,基于真切的需求而设计,而不是设计一系列新的需求;另一方面也需要从文化意义上判断这种需求,考量其所生成的设计结果所可能导致的文化影响,这是一种不同于以往设计创造的长效的设计监督机制。归纳起来,设计人类学的实践过程就是从观察、分析、创造、流通到观察、分析、改良、流通的螺旋演进。

第一节　文化需求与对应性设计实践

设计界就"为人而设计"这个命题早已达成共识，以人为本的设计研究包括了一系列的方法和实践，其目的在于洞察什么东西可以服务于人或者可以取悦于人。以人为本的设计研究在现象背后进行调研和考察个体，并考虑到文脉联系、文化、形式、历史甚至可以联想到设计的线索的商业模式。[4] 设计人类学需要把设计学业已形成的这种思考再深入一点，将对人之需要的理解提升到文化的层面，这一方面是人类学认识和处理文化问题的学科优势所决定的，它在很大程度上以解释文化为目的；更重要的方面在于建立起"满足文化需求"这种更为基要却较少被考量的认知，包括设计从业者在内的社会需要广泛认识到设计的意图并不仅仅是实现使用功能，更重要的是实现其文化功能。将设计放置于文化的背景下考虑有利于从外部建立起设计文化的认同。初看上去，许多日常生活中的设计与文化的关联不易察觉。举例来说，一把菜刀从功能的角度看它是厨房用具，它本来是一种中立的无道德立场的存在，人们用它来切菜或是用它来行凶完全取决于使用者的主观意图。设计师在设计菜刀的时候考虑的问题往往就只是刀具的使用便利度和耐用性，依据人体工学来设计刀身的形状或刀柄的握感等。但在此之外的问题是，菜刀是否符合特殊文化烹饪的菜品要求，它的切割方式是否有利于呈现特殊菜系的"菜色"，有利于通过其切片形状、厚度和花式等发挥出菜品的"色香味俱全"。这一系列要求并不能仅用菜刀的持握或切砍之类的功能设计来解释，菜刀的形式设计是为了满足特定的饮食文化而被优化的。使用功能和文化功能两种因素在菜刀的设计中都占据了相当大的权重，作为文化的饮食习尚甚至是刀具设计的决定性因素。

这就引申出另外一个问题，现代设计的传统中式刀具上会被特意附加上一些文化符号，例如在菜刀护柄的位置用龙头、麒麟、鸾凤等金属图案对刀身和刀柄进行装饰性的连接。这确实是一种更明显地对菜刀进行文化赋形的方式和意图，它可能来源于"国潮"或"传统文化活化"等旨在唤醒文化自信的顶层设计，其可以看作是商业对文化风潮的一种响应。在此，刀具设计本身是否符合现代意义上的"美观"并不重要，其所加持的文化意味，以及由此而显露出的对厨房中主要烹饪者的传统文化暗示，还有烹饪者由此体现出的文化认同，都更加耐人寻味。如果想要更近一步理解这种刀具的设计，就必须进入到烹饪环境之中进行参与式观察。一种强大的张力在于，在一个简约的、充满电子设备的现代厨房中，传统的刀具美学很难与之形成协调，现代与传统的碰撞势必呈现出一种独特的厨房文化风景。从文化需求的角度理解设计并由此出发，对设计和文化来说无疑都是有益的，它不仅有利于设计实践，更有利于建立广泛的设计认同。

虽然设计界的广泛共识是"少一些隐喻和诗意就少一些烦恼"，表面上看，"成功"的设计讲求其符号创造在能指与所指之间建立一个准确的、没有歧义的对应关系。然而，如果更深入地思考这种关系，其实它并不是一个简单结构。这有一点像罗兰·巴特（Roland Barthes）的"零度写作"所揭露的那种虚假的确定性，即古典语言那种所谓的"透明而确定"的文字与内容之间的关系，或者说"是就是是，不是就是不是"。实际上，设计在表面上所传达的信息直接性是其牺牲其作为创造性活动的本质而实现的。想要真正理解设计，就需要走出那种简单化的"功能—形式"对应关系的理解。因为真正意义上的设计是讲求符号意义的，这是人的文化需求所决定的。菲利普·斯塔克的"多汁的萨利夫"就是一个很好的例子，它之所以成为设计史上的经典，正是得益于其迷离的符号意蕴。在斯塔克的设计信条中，当有人问"这是什么？"的时候，人与设计的对话就开始了，而设计的意义就在这种好奇中呈现了。更多时候，由于"多汁的萨利夫"的文化价值已经超越了它的使用价值，因此当人们使用它来挤取柠檬汁的时候，人们实际上是在围绕这个设计物来开展一个设计文化崇拜的仪式。必须承认，它激发了日常生活中的某种幸福感，这不是躺在一张舒服的沙发上吹海风晒太阳的阒然的幸福感，而是一种被文化意义填充的心灵获得感。

设计当然也意味着克制，但其更意味着在各种限制中展现其无限的自由的创造力。空间的限制、时间的限制、经费的限制、商业机制的限制、意识形态的限制都不足以成为其彻底放弃创造力的理由。"多汁的萨利夫"不仅是斯塔克的成功，也是其雇主阿尔贝托·阿莱西（Alberto Alessi）的成功，更是整个欧洲设计文化的成功。设计文化不仅是某位天才设计师凭一己之力对设计的文化性的表达，更重要的是对文化土壤的培育，设计在根本上所体现的是文化的完整性。因为受众的认同永远是文化意义生效的必要条件，其最首要的工作就是让设计的文化属性从"自在"走向公众的"自觉"。

把中式的传统菜刀和"多汁的萨利夫"放在一起来讨论也许有些诙谐，但它们的共性在于都是厨房中使用的工具。无论是从文化转化中获得意义还是从文化创造中获得意义，设计实践者都必须进入厨房或者是进入设计所存在的场景。吉布森（James Gibson）在《作为知觉系统的感官》中认为人的感官不是被动而是主动的。也就是说环境心理学所使用的方法论是值得怀疑的：即在中立的实验室空间工作并向受访者展示事物的图片，用这种方式评估人们的反应，这显然与人类学的惯例无法契合。吉布森建议，为了真正地找到答案，必须真实地置身于文化环境中。[5] 这个文化环境是微观的生活空间和宏观的文化空间的重叠。设计实践者要发现这个具体空间中的文化暗示，就必须走进真实的生活。同时，还要认识到生活是一个时间、空间和对象都在发生变化的过程，人们在家中干的每一件事，从清洗到烹饪、搬家或安顿，所有这些都显示着人作为社会中的个体在更广泛的文化中的"变在"方式。设计师在对客户和客户之对象的"了解"中，需要始终秉持和人类学家一样的平心静气、非评判性的眼光，并且可以通过各种形式的咨询、访谈和观察来获得信息，能够通过对各种居住环境的参与式体验来获得必要的文化数据。

IDEO对此持另一种态度，他们认为不能把设计师想象成人类学家，冒险进入一个不同的文化，并极其客观地去观察当地人。相反，设计师需要发明一种完全不同的新型合作方式，以此来模糊创造者和顾客的界线。这不是关于"我们对抗他们"或者"我们为了他们"。对设计思考者来说，这应该是"我们偕同他们"。[6] 他们重视参与式观察，但不是传统意义上文化人类学的参与式观察，而是英戈尔德意义上的"观察式参与"，是人类学家与设计师身份的一种融合，在这种融合中设计师和人类学家是同一身份，其关键点是获得某种文化实践的主动性。设计工作在此中是一种适应的过程，是人们在既有价值观中共享某种文化判断的关键方式。现实中的大部分设计实际上是缺乏文化适应性的，要么全情抒发设计师主体的创造力，将一种漫无目的的文化亲近带入到设计作品中，要么以一种冷酷无情的方式进行设计工作。设计人类学是一个创造性的调和过程。

在实践意义上，设计人类学的任务就是进行基于形式、事与物的文化研究，分析其结果，并引发用户端或社会面的参与式实践：让其所揭示的社会关系、所优化的生活方式、所提供的可行和有价值的替代方案得以实施，并将这种文化理解牢牢地嵌入到设计过程中。设计人类学的实践强调研究者与设计实践者的同一性，未来以创新为目的的设计绝不是来自委托，其驱动力一定来自于自发的研究，设计师既是研究者也是实践者，并借由这样的方式获得主动性。[7]建立在设计人类学视角下的设计研究与实践是充分调和的，它应该实现这样一个螺旋状的实践流程：观察—分析—（批评）—创新—观察—分析—（反思）—改良—观察……设计人类学是设计对于文化对应性的一种强调，但正如赫斯科特所说，想法本身并不是创新，只有当一个想法体现在设计当中，以一种与用户生活相关、易于理解、有用、易得、可负担或令人愉悦的形式出现时，想法才能真正地代表创新，创造出新的价值。[8]在设计人类学的实践中，设计的价值就体现在文化需求的满足和对人（设计师／用户／消费者）的文化创造的践行中，换句话说，设计人类学是在文化观下开展实践的设计活动。

第二节　从设计民族志到设计人类学实践

实践面向的设计民族志与前一章所谈的理论面向的设计民族志截然不同，这里所谈的设计民族志是一种为设计生产所作的数据收集和质性分析所采用的民族志方法。在设计民族志的两种面向中，一种面向着人类学理论的书写，将民族志作为设计人类学的成果；另一种面向着设计学实践的创造，将民族志作为设计人类学的方法和过程。格尔兹在《文化的解释》中谈到，人类学家在田野考察的过程中不仅应该现实地和具体地对它们进行思考，而且，更重要的是能用它们来进行创造性和想象性思考。[9] 这当然是对人类学家的一种期许，人类学的创造性想象通向许多终点，一些岔路终点恰好碰到了设计这种造物手段，那么这种创造性和想象性思考就容易形成基于文化真相的深具文化责任的设计创造和转化，或是利用文化真相而进行的需求制造（虽然这违背了设计人类学的初衷）。

设计行业对人类学的使用正是从这种生产性的民族志开始的，"与通常应用人类学的学术项目相比，设计中的民族志通常完成得更快，较少理论化过程。资料收集方法和民族志材料分析由设计师特定的需求所决定"。[10] 也就是说，实践面向的设计民族志是基于具体的项目意图，为了认识到项目所能解决的具体问题而进行的民族志工作。或者更近一步说，民族志在此中是设计调研所采取的一种手段。设计民族志作为方法是中立的，但设计人类学的基本价值观却是为人的幸福而服务的，因此，当设计民族志作为分析环节而出现时，其中就隐含着一种基于认识和理解的价值判断。

有趣的是，民族志中所隐含的潜在的价值观一直被高明的设计者所理解和贯彻着。正如 IDEO 所洞悉的，在帕帕奈克的"设计是为了人而不是为了盈利"的意义上，设计师不应该只关注设计的实物，而是需要将精力放眼于"谁会在什么情况下使用该物品？如何制造、销售该物品并进行日常维护？该实物会维护还是破坏文化传统？"[11] 在 IDEO 的咨询服务中，文化价值是从细微处考量的。这是设计的文化责任与道德责任相统一的结果，可持续的设计需要这样的责任意识，而 IDEO 的成功似乎也在某种程度上说明，商业目的并不一定是以牺牲文化价值来实现的，相反，社会中的个体无论是生产商还是终端用户，都在一个共构的文化统一体中。虽然皮埃尔·布尔迪厄（Pierre Bourdieu）所揭示的不同阶层所持有的文化品位和价值好恶会有所区别，但必须认识到文化是一个复杂的整体，文化的圈层之间并不是截然分开的，正如农耕时代的精英文化与民间文化两种文化区分在现代的大众文化面前变得不再有效。因此，设计作为商业生产与社会文化的交点，其本应通过自身实践的直接性和实效性来实现文化责任，避免为了追求短期经济效益而以"制造需求"的途径来对传统生存方式实施毁灭性的破坏，让某些文化价值彻底失效，进而走向全民的社会性、整体性的异化。这并非危言耸听，当一件设计作品的目标是纵容并助长人类惰性的基因，为人制造出一些与传统价值相悖却看似与现代生活节奏相匹配的"生活需要"时，那么此类设计越为大众所欢迎，其所产生的影响越大，其所带来的异化就越严重。这就和法兰克福学派所说的时间匮乏一样，汽车确实能提高单体交通的速度，但加速带来的是人想要在更少的时间里做更多的事，于是所有人都开车，所有人都被堵在路上。于是，汽车似乎不但没有提高效率，反而降低了效率。类似的异化问题广泛出现在现代生活的方方面面，所以设计的责任应该是尽可能处理和化解异化的矛盾，而非在解决一个问题的时候制造出更多问题，更不应无止境地采掘和消费人的欲望。

当然，建立整体性的文化观是一方面，洞悉具体的文化需求和文化真相是另一方面。正如前文已经介绍的，IDEO、Frog、Fitch、SonicRim、Doblin、数字实验室，还有美国加州帕洛奥图的许多设计和创新型公司都早已引入了设计民族志，作为针对具体设计服务的信息收集和分析手段。在长期而丰富的项目实践积累中，一系列设计民族志的方法被总结，包括参与和参与式观察、视觉人类学、拦截访问、深度访谈、参与式设计、材料分析等。

和其他理论面向的设计民族志一致的地方是，它们都尽可能保留鲜活的文化材料。

创新开始于观察。[12] 观察法是最主要和最根本的洞悉消费者行为的方法。通过观察人们的日常行为，设计服务提供者能够理解人们在生活中如何消费和使用产品。观察法分为参与式观察和非参与式观察，参与式观察是在合适的时机参与到人们关于他们行为的交流中，并观察和记录人们对相关问题的认识、态度甚至情绪。现行设计调研中的观察通常以POEMS为框架，即作为被观察者的人、物、环境、信息和服务，围绕这五点开展观察工作，POEMS用以告诉观察者该观察什么、如何记录以及考虑后期如何整理分析。设计民族志所要观察的不仅是人们如何行事，还要观察人们的生活情景如何影响他们对产品和服务的反应。这些设计思考者不仅要考虑产品和服务的功能，还要考虑其情感意义。由此，设计思考者尽力发现人们没说出来的或不易察觉的需求，并把这些需求转化为机会。[13] 参与和非参与式观察方法在这种认识的获得过程中都有其不可或缺的价值。

视觉人类学中常常使用照片和影像的方式来生成民族志，尤其是影像民族志用视频来直观呈现文化原境，呈现出不同于文字描述的更加客观的视觉记录。这种方式也同样可以在设计人类学中使用，用视频记录被研究对象的行为方式。视觉人类学同样可以在参与和非参与两种模式中同时展开，非参与记录的方式是在特定角度安装摄像头，用多部摄像头组成群组，多角度记录被研究对象的行为。或是采取盗摄的方法，在不被察觉的情况下把握真实的信息。参与式记录是用手持摄像，在人们了解被拍摄的情况下使用。这种情况就需要研究者自行把握被采集信息的信度，尤其是细加分析访谈拍摄的表演成分，理解受访者表演的目的，是为了强化所谈内容的真实性还是夸大其词。

　　设计民族志的访谈主要分为拦截访问和深度访谈两种。前者是研究者在调查点采取简短访谈的方式，获取关键背景信息。后者是将被访人带离调查点，在工作室或办公环境中进行集中访谈。调查点可能是一个地点，也有可能是一系列关联地点。在拦截访问中，研究者需要把握主要问题和即兴谈话的尺度，在获得基本背景信息的基础上，通过即兴的闲谈引出更多设计文化线索。在深度访谈中，研究者需要事先准备好结构化的调查问卷，通过深入的访谈析取出更丰富、更细节化的内容描述。在整个过程中，都需要通过影像来记录访谈过程，以便在后期进一步分析访谈者的表现。

　　参与式观察的进一步发展是设计某种参与方式，这里的参与不仅是研究者的参与，更有被研究者的参与，这之中的研究者可能也是被研究者。观察是贯穿在整个参与活动中的，而参与活动是调动研究者与受众双向主动性的方式。深度访谈当然可以作为参与活动的组成部分，但更重要的还有研究者、设计师、用户共同参与设计研发的主要环节。不同领域的人围绕某问题共同展开头脑风暴，这样所产生的设计创新在其原初就获得了充分的文化意义。这正是参与式设计的价值，它是人类学为设计贡献的重要启示，它推动了设计行业的根本性发展。设计机构是这样描述参与式设计的贡献的，西方人解决问题的方式是采集一组外界数据，对其进行分析，然后得出唯一答案。偶尔我们会发现，最好的答案其实并非最正确的答案，我们也许不得不在几个同样有效的方法中选择一个……集体思维倾向于汇聚，从而得到唯一结果。[14]参与式设计需要从文化的宏观视角来理解，走入公众的意义就是广泛唤起人们的参与意识和设计面的文化自觉，设计师和不同行业从业者的相互理解，其意义绝不仅在于设计内部。

设计民族志的分析工作是通过处理访谈问卷，观看调查过程中拍摄的视频，由研究者、设计师以及受访者代表集体讨论，分享个人看法，展开发散性思维而完成的。一系列设计创意必然从这种分析中诞生，不同的受访对象和不同的研究者所组成的团队可能会产生不同的创新设计。这就是创造力和即兴的魅力，设计民族志必须调动起不同角色、不同背景的人们的参与。沃森（Christina Wasson）认为设计民族志的核心作用是产品与其用户之间的交流，"如何满足潜在用户的需求"是一件产品在成型前就被设计好的，其也应作为整体商业策略的一部分。当用户画像被明确，设计师们不只型塑产品本身，也型塑其市场行为。[15]但对特定人群的考察实际上也是窄化设计理解的，其设计——例如一支牙刷或一双球鞋——并不一定是针对某个特定人群的，其也可能是弥漫化的，因此它的道德责任可能是变的。因此，人类学意义上的设计在此所特别关注的不仅是一件产品如何介入到使用者的日常生活中，更关注它们在普遍生活中所广泛产生的象征意义，以及其所带来的日常性的文化影响。

作为实践的设计民族志是解决具体设计问题的过程全覆盖工作，它在前期注意收集信息，提供分析结论，启发和锚定设计创造的路径；中期对设计过程进行跟进反馈；后期对设计结果进行田野再调查，促进设计优化。设计民族志在不断确认的是设计不是一个作品意识，它是一个社会系统的意识，是在系统里面某种功能的一种实现，这种实现会确定消费者的一种生活方式和他的生活形态。[16]在设计民族志中，人类学对语言的一种论断值得留意，列维－斯特劳斯认为能指和所指之间从来都是一种不对等或"不足"状态，而"所有神秘和美丽的创造性"作品则是去补足这种"不相符",去吸收这种"满溢"(Overspill)。[17]文化观中的设计实则是一种修辞方式,设计的意义同样在能指和所指之间滑行,因此设计民族志所旨在实现的设计意图应始终留有余地,而不应被过载的文化信息填满。

需要认识到设计民族志不是设计调研,至少不是设计调研的全部,它针对着的是人作为文化存在的那部分事实。在设计民族志的实践中,过分框定调查对象这种文化排除行为是其着力摒弃的设计调研沉疴,为人而设计作为一种公民意识应体现在无差别的文化整体观之中。此中,设计思维在探寻用户真正的需求的同时,也必须注意到用户视野的局限性,打破思维定式,不再从解决眼下的问题着手。[18]以系统性的文化价值和长效的文化责任为落脚点,文化整体观是人类学带给设计学最珍贵的礼物。

第三节 传统民艺的创造性转化

正如本书导论部分所谈到的,民艺作为旧时"设计"所载纳的重要文化属性,而非其单纯意义上的审美价值,使得它成为设计人类学的重要关注内容。设计人类学对传统民艺的关注并不仅停留在知识论层面,不仅通过挖掘其智慧和意蕴来生产理论,更重要的是在传统民艺与现代设计之间建立起创造性转化的桥梁。传统民艺的创造性转化不仅是一个时代命题,更是一种文化之流变的自然生发。传统与现代的不同在于,传统是一种集体性的回归条件,它为创新提供了一个强大的支撑力。传统是一个由所有文化持有者共同制造的基点,没有认识到传统的价值实际就谈不上真正的创新,因为任何形式的创新都无法脱离这个集体认同的推助和制约,脱离传统的所谓"创新"

是毫无意义的，其所创的是以自我为镜像的新，或是对异文化基于其自身传统的创新价值的搬运。而后者之所谓创新只能在同样的搬运者中找到共鸣，永远不可能成为真正意义上的文化创新。任何异质性的事物，必须在其寄生的环境中建立起接受性的机制，它才能存续下去。而异质性被接受的条件，就是其自身所携带的与寄生条件同质性的部分。文化也是如此，传统工艺之所以在当代和未来仍然具有莫大的价值，乃是因为其作用于几千年的农耕文明的薄物细故之间，其蕴含的巨大财富还远没有被当代人所罗掘。又或许，民艺作为一种"道之所存"，其内在价值是用之不竭的。

现代主义那种简洁和寡淡的美学之所以不再占据审美的全部位置，是因为人们发现装饰和某些程度的混乱都可以是存在意义的来源。正如文学上马尔克斯的作品和石黑一雄的作品所呈现出意境的截然不同，美只有不同，没有高下。美必须是多样的，所谓"各美其美"，它从自己的传统中涌出，因而必须被放置在文化传统之中来考量才是有根据的。在设计的诸多责任中，美是其作为一种文化责任的显现，由于设计与生活密切相关，设计之美就直接影响了人的审美修养，而后者直接决定了人的幸福程度。设计是否能直接创造出康德意义上的无功利审美，我们尚不能确定。但设计之美确实有助于人们从日常的功能之美、形式之美、意蕴之美的受享渡越到更高层次的审美体验中。需要认识到美是一种深刻的道德，美与真、善往往是共在的，对美的认同和崇尚通常包含了人世间美德的其他部分。

之所以在现代生活中强调传统民艺的审美价值，最重要的一点就是因为其造物观在今天看来包含了某种设计的审美责任，民艺对现代设计来说仍然是一个美德的标格。比如日本工艺美术运动的发起者柳宗悦谈及日本的茶道，认为茶道实际上诱发了日本人对器物深深的爱抚之情和对美的修养。[19] 在整个东亚文化中，茶道都被作为一种日常生活的仪式，这个仪式上所使用的器具就自然都是被赋予了仪式性的设计物。这是基于传统的设计（工艺）在生活中承担审美责任的一个典型案例。

关于美的道德，传统民艺中还包含了人与自然、人与人、人与物之间如何相处的智慧，这是一种能够缓解工业文明异化作用的应症良方。盐野米松在《留住手艺》中谈到，大工业化的批量生产所带来的是"用完就扔"的一次性消费观念。旧时的缝缝补补反复使用的精神也随之消失得无影无踪。从前那种珍重每一个工具和每一个物品的生活态度也就没有了。过分追求廉价和效率，让人已经忘了作为人的本来的幸福到底是什么。由于材料生长土壤和自然的各不相同，它们的习性也都千姿百态。而让这些素材的习性得到最大限度的发挥，正是手艺人们的工作，也是让物品看上去有性格，与众不同的缘由所在。这些手艺的活计是带着制作它的人的体温的。而工厂追求的则是统一的，不需要性格的。有性格是要被处理掉的，也就是被扔掉，这是"去除"的观念。被去除的是被认为不能用的。这样的观念也体现在对人的使用上。[20] 民艺所体现的传统文化观是在使用物的过程中，在与物的接触中，将物拟人化，将物看作是有生命的生活的共同体。举个例子，孩童小时候被桌角碰了一下头，大人就过来打几下桌角，孩子的怨气和疼痛随即一起涣然消释了。大概每个人小时候都有类似的经历，这就是一种典型的传统文化观。这种文化观也体现在老人不愿意丢弃旧物，即使是永远不会再用的老家当，已经坏掉的钟表或破洞的皮箱，老人们都不舍得扔掉，因为它们是"老朋友"，是自己生命的伴随者和见证者。类似的情感化的设计造物，在现代生活中似乎越来越难见到，标记时间的机械腕表的数字化和迭代化让整个旧式的浪漫主义走向终结，它强化了"一切都是暂时"的意指。

设计人类学对民艺价值的强调当然不是为了怀旧，它的根本目的还是为人的善在寻找一个相对安全的价值归宿，因为现代社会的一个重要问题是加速所带来的存在意义的迷失。首先，由于工作时间是生产当中的一个根本要素，因此节省时间就是节省成本和获得竞争优势的一个最简单而直接的手段。其次，存贷和利益的原则，会迫使投资者想办法提高报酬和资本循环的速度。如此一来，所加速的就不只是生产本身，还有循环与消费。最后，不论在过程方面还是生产方面，利用创新来暂时领先其他竞争者，是获得额外收益的必要手段；这无可避免地让企业家会想办法加速创新以保持自己的竞争力。于是，从逻辑上来看，一般的社会加速，特别是科技加速，是充满竞争的资本主义市场体系的后果。[21] 现代人身处这样的存在环境之中，不免丧失自古以来的人之人性而屈从于工具属性。在此背景下，设计人类学的民艺观旨在强调传统生活和其文化的价值，一方面对民艺所牵涉的传统文化实践方式进行确认，另一方面对传统民艺融入现代生活的路径进行措置。因此，设计人类学的民艺观实践中包含了传统生活的现代问题和现代生活的传统问题两个维度，也就是设计的转化观和设计的遗产观。

在设计人类学的设计转化观中，研究者身份与设计师身份是重合的，研究者除了开展人类学的田野调查，深入认识民艺的技艺、材料、形式以及相关的文化关联，还要具备设计转化的能力。这就是设计人类学之所以不再从属于人类学的原因，除了具身性的体验和修习，还需要具身性的参与和创作。对传统民艺的设计转化需要建立在对造物的传统精神的真确理解之上。也就是说，形式的转化必须不能以牺牲核心价值为代价，如果传统民艺的精神性和文化性失去了，那么转化出的"新"设计也没有任何意义，必定是粗鄙化的植皮改面。更具体一些说，传统民艺的精神性和文化性当然不仅包含了它的文化功能、材料工艺、民俗认同和历史价值，也包含了它的形式意义、符号寓意和美学价值。大体上，设计人类学对传统民艺的设计转化是通过人类学方法来认知和解悟民艺及其文化，然后通过设计的手段来进行转化性创造。

民艺转化角度的设计人类学更注重研究主体的主动性、创造性和研究性，它有意思的地方是其落脚点放诸民艺的"艺"上，因此并不需要全然像商业设计那样做足市场分析工作。也可以说，传统工艺的设计转化在本质上呼唤设计师面对艺术而背对市场的精神品性。在对传统工艺的认识过程中，田野调查的具身性体验是尤其重要的，因为所有匠人都明白"活是靠真正动手干了才能记住，不是从书本上或是口头上教出来的"。[22] 这是设计人类学认识论中既朴素又非常重要的一点，因为无论是人类学家还是设计师，在设计实践的目的驱使下，都需要从具身化的观察式参与开始。当然，有一种角度也值得留意，就是将每一个成长和生活在本土的人都默认为文化携带者，包括设计师或人类学家在内，由于他／她们的血液中已经拥有了传统的文化基因，因此就不需要再去特意地向外界的现象化的传统中去寻找什么，而应该向自己的内在去寻找那个融汇了传统和个人经验及才华的东西。这种声音也同样是具有建设性的，它阐释了人的才华作为内因在传统民艺的转化（或者说一切艺术或设计创造）活动中的作用。实际上两种认知并不矛盾，人类学的参与式观察和设计人类学的观察式参与都是通过对现象的认识达到从知识到理解到融会的过程；而向设计师／研究者个人的内部探掘，是设计转化实践中唤起知识、经验、思想、感受、情感、想象力和创造力的方式。对外和对内的感受深度，决定着设计人类学文化价值的实现效度。

当然，设计转化的问题归根结底还是设计能力的问题，它从根本上诉诸审美修养的化育、设计创造力的培养和设计技能的训练。审美修养是设计转化连通传统与现代生活审美的方向保证，设计创造力是设计转化创新性的条件，设计技能是不可或缺的设计转化成果的实现手段。三者都是决定设计者／研究者设计实践水平的决定性因素，研究者能力水平的不同自然决定了研究成果的差异。在此意义上，设计人类学的民艺转化还是一种强调即兴的创造性实践，它并不排斥甚至期待创造过程中意外的审美／文化价值的涌现。总体上，对传统民艺的转化是设计人类学最重要的工作之一，其也是设计人类学与传统意义上的社会文化人类学最主要的区别之一。理论与实践的多种不同的面向是设计人类学得以独行其道的重要原因之所在。

第四节　设计人类学与社会创新设计

设计的发展是从造物向谋事的设计行业内部的认识中显现出来的。20 世纪 60 年代开始，旨在让终端用户加入设计过程，在设计程序中引入使用者角色的"参与式设计"被英国和北欧等西方国家所率先使用，1980 年代开始在美国的商业设计中流行开来。参与式设计是现代设计文化由设计师主导过渡到共同设计（Co-design）的一个标志性节点，公众在一件产品由创意到投产的过程中扮演了设计合作者的角色。设计师从此并不再只是一件物品或一种形式的创造者，而是一个合作平台和创新机制的构建者。在造物者、造形者到谋事者、策划者的身份转化中，设计概念的内涵及其学科疆域都发生了巨大的推展。不能说设计的造物与谋事之间存在怎样的递进关系或层次关系，只能说设计领域中的一块区域是属于以"谋事"和"做事"为实绩的设计。

社会创新设计（Design for Social Innovation）就是参与式设计由企业层面走向社会层面，由以物为目标转向以事为目标，通过对文化生态系统的理解和对其中价值的再利用，将当地人或社区居民的个人利益与社会及环境利益统一起来，创造出新的社会关系或合作模式，来设计和推广一系列含有设计者/研究者价值观的生活方式和生产方式。社会创新设计就是这样一种强调公众参与，激发公众共创共享的新型的设计实践方式。社会创新设计者则干脆认为，其是专业设计为了激活、维持和引导社会朝着可持续发展方向迈进所能实施的一切活动。[23] 值得注意的是，社会创新设计表现出了与此前以"物和形式"为主要意图的设计的不同，它的抱负在于不仅要"解决问题"，还要对基于社会创新所实现的文化创新进行"意义建构"。该领域重要的实践者埃佐·曼奇尼（Ezio Manzini）就认为，社会创新设计有助于发展一种文化，这种文化必须具备可持续的视角：它是对世界性对话保持开放的文化，但同时也是一种充满多样性的多元文化；它是一个设计文化的生态系统，同时对世界和本地保持开放；它包含了各种来自于"本地"（即深植于某一场所）的深刻差异。[24] 可见，设计实践越来越被期待嵌入文化的理解中，设计界也越来越意识到建立长效的意义和价值的必要性，文化而非使用功能越来越成为全世界设计的根本性追求。在设计人类学看来，这或许是设计行业为人的幸福而设计的一种积渐觉悟和认知裨补。

　　社会创新设计从问题导向出发，由设计师／研究者发现问题，在对问题场域的理解中构思解决问题的实践机制，然后亲身深入到问题存在的场域去领导和开展设计实践项目。曼奇尼在其著作中谈及广西柳州的民间机构"爱农会"，这种"社区支持农业"（Community Support Agriculture, CSA）观念指导下的运营实践，打通了农民的有机农业和市民的有机食品需求之间的通道，保持传统有机耕作方式的同时也提高了农民的收入。其核心意义在于农民和市民之间建立的全新关系，让农民扎根农村，坚持并有序改良其保有的传统农业知识和技能；而市民们接受了这种社会创新的理念，从参与中获得了设计和创业能力。市民和农民两个群体认识到了各自动机和能力的互补性，跨越了文化障碍，消除了各自的偏见，找到了解决问题的创新方案。[25] "爱农会"本来并不是设计师／研究者所发起的项目，但其创新模式和运作机制却都是社会创新设计师所认同和力图实现的。也就是说，社会创新设计本身就是对传统设计职能的一种超越，在这种超越中，设计被一系列更宽展的内容和实践构型所扩充，而从事实践的设计师可以是公众中的每一个人。在文化实践的理解角度上，社会创新设计让人人都成为设计师。在这个时代，我们终于可以喊出"人人都是设计师"了。这和博伊斯（Joseph Beuys）的著名口号"人人都是艺术家"（Every man is an artist）不谋而合。对于艺术而言，每个人都可以成为马克思意义上的社会有机体（Social Organism）的创造者，公众可以创造"社会雕塑"或"社会建筑"；而对于社会创新设计而言，每个人都可以通过参与来唤起设计的主体性，实现社会有机实践的创造性存在。作为创新实践者的简·苏瑞曾卓富远见地提出，"探索设计演变的下一阶段，从'为'民众创造演变为与民众'一起'创造，再演变为民众通过用户生成内容和开源创新自行进行创造"。[26] 这一大胆预测已然发生在今天的社会创新设计实践中，并且业已成为可预见的设计为其自身"赋能"的最理想的方式。

然而我们不免思忖，在这条通向人人都是设计师的道路上，那些受过系统训练的设计师的职能是什么呢？曼奇尼对此的回答是，他／她们首先是扮演"授人以渔"的授业者、意义制造者或平台搭建者。他们的任务是通过设计来拓展人们的能力，让他们过上自己喜欢的生活。设计专家不再通过试图寻找需求和设计方案去满足大众，而应该通过协作为那些利益相关者创造更好的条件，让人们——主体们——能够自己想到有价值的生活和行动方式，并去争取实现。设计师在其中最主要的价值是为人们创造了行动平台（Action Platforms）和意义系统（Sense Systems）。[27] 他进而解释，"在项目运作的实践中，设计专家既可以通过整合技术和专业技巧，从技术角度提供支持；也可以指出社会和环境方面的敏感内容，从文化层面予以支持"。[28] 这其实和设计人类学家的期许并无二致，就是说"设计专家"既是专门的设计师，也是社会学家或人类学家，或许他同时也是设计的受用者，所谓"三位一体"。换句话说，传统的形式或器物的设计和传统设计师的职业角色并不是消失了，而是被进一步内化了。

作为一种微观化的社会实践方式，社会创新设计还有赖于一个基础性的工作框架，这个基础框架就是"分布性系统"（Distributed System）。所谓分布性系统，简单地说就是在大的社会系统中所包含的具有相对独立价值和运作方式的分散的小型系统，每一个小型系统都根据其地理资源、文化生态等条件有其独特的运行机制，但它们也同时能够在大的社会系统中进行必要的资源对接。正是由于分布性系统所针对的问题是区域性的，其抱持的视角也自然是从微观处着眼，例如村镇、社区等，这就为社会创新设计实践的开展提供了可能。

如果将社会创新设计的上述特征汇总起来，那么基本可以理解为，设计师利用自身的设计技能和基于为人而设计的问题意识，在一个社区（分布性系统）中为当地公众搭建一个发挥其主动性和创造力的参与式平台，或是一套参与式的合作机制，在这个平台或机制的运行中与公众一起创造进一步的可持续的价值产出。符合这种叙述的设计活动大致都可以被纳入社会创新设计的范畴中，也就是说，社会创新设计的形式既可以是强结构化的团体、机构或企业，也可以是弱结构化的一系列活动、事件或节日。它既可以是非营利的，也可以是营利的，社会创新设计项目的关键不在于是否营利，而在于其是否在可持续的基础上促成了每个人的幸福感获得。

泰国的 Korakot 设计机构是一个比较典型的营利性社会创新设计案例，创始人括拉克·阿罗姆迪（Korakot Aromdee）从艺术学院毕业后回到家乡碧武里，开设了以竹木设计为主业的机构。Korakot 的设计作品完全使用当地出产的竹子、麻绳等自然材料，其采用的竹制工艺传承自创始人的祖父——一位风筝匠人。Korakot 发展了传统竹编的形式和功能，让它们能够以自然而美观的方式融入现代生活中。之所以将这个项目视为社会创新设计，是因为 Korakot 带动了当地公众参与到设计和加工的流程中来。在事业开始阶段，他只培训了 10 名拥有基本竹制技艺的当地居民。随着事业的壮大，现在其规模已经发展为 60 人。由于当地人祖祖辈辈的生活环境就是由竹子构成的，因此制作竹制品的工艺对他们中的许多人来说都是生存技能的一部分，他们很容易就可以进入到新的竹制品设计制作的工作中。原生态可持续的材料工艺，以及出色而现代的创意设计，包括社区化的制作生产模式，让Korakot获得了商业上的成功和设计界的广泛认同。原本自给自足的社区居民因此获得了稳定的收入，并且他们能够一直在自己成长的社区生活和工作。社区居民通过这种创造性的实践让本就密切的社区关系得到进一步加强，人们也在共享和共创中提高了自身能力。Korakot的成功具有一定的可复制性，但其中有一个关键风险值得注意，那就是欲望控制。因为此类项目内含的基本矛盾是，如果不能营利它就是无效的，其存在的价值就很有限；如果能营利那就要一方面自我管理，另一方面处理利益分配方式。虽然社区邻里的利益分配也是一件棘手工作，但这之中最主要的风险还是来自于发起者本人。必须承认，在利益面前"初心"是一种并不容易持守的精神。而一旦以利益最大化为目的，机构规模无序扩张，那就成了另一个失败的商业故事。幸好，目前为止Korakot的创始人在这方面处理得很好，我们尚不能确定这是由性格所决定还是由智慧所决定的。

　　社会问题和资源的多样性可以用分布式的微观视角去观察和处理，就像Korakot这样的案例一样，社会创新设计就建立在各不相同的具体性的实践项目之上。正如分布与整体之间具备对接整合的条件，这些项目之间也存在共性。用曼奇尼的话说，它们都源于对现有资源（从社会资本到历史遗产，从传统手工艺到可获取的最新技术）的创造性重组，期望通过新方式来实现社会认可的目标。[29]也就是说社会创新设计整体上一方面是基于对传统的深刻理解和调取，它再一次证明了创新与传统之间的深刻关联；另一方面它也是一种融入性的社会实践，它首先需要了解问题和问题所在的土壤，通过进入这个问题的土壤，在其内部找到解决问题的方法或启发，或者是在一个问题的土壤中发现可以解决其他问题的路径。

社会创新设计家所认识到的问题关键在于"重新定义对幸福的理解"，[29] 然而此中可能存在一种巨大的道德风险和对立性的矛盾，因为其潜台词中仍然存在价值观的冲突。社会创新设计强调一种关系理性，因为它的落脚点在于创新机制和模式，即制造一个设计师／项目发起者所信仰的人与人的理想关系，人与自然的理想关系，人与物的理想关系，物与物的理想关系，似乎这些关系都理应是程序化的，只要有足够好的出发点，足够好的设计机制，就理应保证实践项目的顺利运行。需要适当想起列维－斯特劳斯所定义的，社会关系是社会结构的"原材料"。对此类关系的理解和运用实际上决定了社会创新设计的结果。一个较为健康的机制设计，需要在实践之初既警惕发起者潜藏的高高在上的改造观，也认清在社会实践中人与人作为个性存在的精神分歧。因为作为一种"设计"，它虽然从造物的模式转换为谋事的机制，但它的理性基因在其中仍然是统摄性的，是保证其作为"设计"的基本条件。但正如理性至多能够消除思想分歧，却不可能消除精神分歧一样，道德困惑正是由精神分歧所导致的。[30] 社会创新设计虽然注意到了文化实践的基础性意义，并以文化创新为终极追求，但它并没有从根本上解释它所认定的所谓"新"的幸福是什么，或者至少还没有用足够的时间证明其实践所实现的幸福方向及其程度。在这种条件下的社会创新，仍然显露出了一种本然携带的"侵入式"的设计师／精英的自我实现企图。

但这种企图仍然是正义的，是设计者的幸福权利，设计者的愿望也是需要考量的幸福条件。于是，设计人类学，如果说它能够在社会创新设计中承担什么角色，那这个角色应该是一种锚定物。它的出场让创新性的活动或机构组织有足够的客观化距离，借由设计人类学，社会创新设计所生成的就不仅仅是实践的手段，还有指引性的长效甚或终生的思想方式，因为社会创新设计的主要职能是生产创新型的组织形式，而这些形式并不一定能准确地指向所有实践者的根本幸福。人们还需要留意社会创新设计所不断声明的公众参与的重要性，在于其根本目的是社会实践设计的意义实现。社会创新设计认为，与其将人视为带着各种需求等待被（某人或某事）满足的对象，不如将他们视为积极的主体，有能力主动追求自己的幸福。曼奇尼引用了经济学家阿马蒂亚·森（Amartya Sen）和哲学家玛莎·努斯鲍姆（Martha Nussbaum）的思想，即决定福祉的既不是物品，也不是物品的特性，而是利用物品或它们的特性去做各种事情的可能性。[31]

设计人类学抱持这样的认同，幸福始终存在于行动中，幸福必须身体力行，是在"做"事情中做出来的生活效果，所以除了自己亲身亲手去做出幸福，不可能有别的替代方法。幸福的"亲身性"决定了幸福不可能是身外之物所能够替换的。[32] 因此，要实现真正的为人的幸福而设计，就需要从"参与"的角度去发挥设计的能动性，设计确实需要从造物向谋事转化。这并不是说造物或设计形式不重要，而是需要进一步地推寻如何在设计与人之间建立一种更深刻的意义关联。社会创新设计证明设计的意义可能越来越多地体现在人们参与到某个设计实践过程中来，或者设计本身所创造的文化空间能够容纳公共文化的载入。与社会创新设计近乎一致，设计人类学意义上被实践的设计是以集体的公共价值观为意图的设计，是通过人们的亲身参与从而让民众获得"分享"或"利他"体验的设计实践方式。

参考文献

[1] 赵汀阳. 论可能生活 [M]. 北京：中国人民大学出版社，2009：246.

[2] 方晓风. 实践导向，研究驱动——设计学如何确立自己的学科范式 [J]. 装饰，2018（9）：17.

[3] 赵汀阳. 论可能生活 [M]. 北京：中国人民大学出版社，2009：262-263.

[4] 布伦达·劳雷尔. 设计研究：方法与视角 [M]. 陈红玉，译. 南京：江苏凤凰美术出版社，2018：2-3.

[5] James Gibson. The Senses Considered as Perceptual System[M]. London: George Allen & Unwin Ltd. 1966.

[6] 布朗. IDEO，设计改变一切 [M]. 侯婷，译. 沈阳：万卷出版公司，2011：52.

[7] 方晓风. 实践导向，研究驱动——设计学如何确立自己的学科范式 [J]. 装饰，2018（9）：17.

[8] 约翰·赫斯科特，等. 设计与价值创造 [M]. 尹航，张黎，译. 南京：江苏凤凰美术出版社，2018：175.

[9] 格尔兹. 文化的解释 [M]. 韩莉，译. 南京：译林出版社，2008：27.

[10] C. Wasson. Ethnography in the Field of Design[J]. Human Organization, 2000, 59(4): 382.

[11] 布朗. IDEO，设计改变一切 [M]. 侯婷，译. 沈阳：万卷出版公司，2011：188.

[12] 布朗. IDEO，设计改变一切 [M]. 侯婷，译. 沈阳：万卷出版公司，2011：218.

[13] 布朗. IDEO，设计改变一切 [M]. 侯婷，译. 沈阳：万卷出版公司，2011：211.

[14] 布朗. IDEO，设计改变一切 [M]. 侯婷，译. 沈阳：万卷出版公司，2011：62.

[15] C. Wasson. Ethnography in the Field of Design[J]. Human Organization, 2000, 59 (4): 379.

[16] 杭间. 设计的善意 [M]. 桂林：广西师范大学出版社，2011：8.

[17] 福斯特 . 设计之罪 [M]. 百舜，译 . 济南：山东画报出版社，2013：113.

[18] 郭晓晔 . 从认识到发现：基于设计思维的设计基础课程实录 [M]. 北京：中国建筑工业出版社，2020：61.

[19] 柳宗悦 . 工艺文化 [M]. 徐艺乙，译 . 桂林：广西师范大学出版社，2011：10.

[20] 盐野米松 . 留住手艺 [M]. 英珂，译 . 桂林：广西师范大学出版社，2012：2.

[21] 哈特穆特·罗萨 . 新异化的诞生：社会加速批判理论大纲 [M]. 郑作彧，译 . 上海：上海人民出版社，2018：30.

[22] 盐野米松 . 留住手艺 [M]. 英珂，译 . 桂林：广西师范大学出版社，2012：31.

[23] 曼奇尼 . 设计，在人人设计的时代：社会创新设计导论 [M]. 钟芳，马谨，译 . 北京：电子工业出版社，2016：75.

[24] 曼奇尼 . 设计，在人人设计的时代：社会创新设计导论 [M]. 钟芳，马谨，译 . 北京：电子工业出版社，2016：6.

[25] 曼奇尼 . 设计，在人人设计的时代：社会创新设计导论 [M]. 钟芳，马谨，译 . 北京：电子工业出版社，2016：12.

[26] 布朗 . IDEO，设计改变一切 [M]. 侯婷，译 . 沈阳：万卷出版公司，2011：53.

[27] 曼奇尼 . 设计，在人人设计的时代：社会创新设计导论 [M]. 钟芳，马谨，译 . 北京：电子工业出版社，2016：117.

[28] 曼奇尼 . 设计，在人人设计的时代：社会创新设计导论 [M]. 钟芳，马谨，译 . 北京：电子工业出版社，2016：149.

[29] 曼奇尼 . 设计，在人人设计的时代：社会创新设计导论 [M]. 钟芳，马谨，译 . 北京：电子工业出版社，2016：13.

[30] 赵汀阳 . 四种分叉 [M]. 上海：华东师范大学出版社，2017：69.

[31] Martha Nussbaum, Amartya Sen, et, al. The Quality of Life[M]. New York: Oxford University Press, 1993. 转引自：曼奇尼 . 设计，在人人设计的时代：社会创新设计导论 [M]. 钟芳，马谨，译 . 北京：电子工业出版社，2016：116.

[32] 赵汀阳 . 论可能生活 [M]. 北京：中国人民大学出版社，2009：138.

第五章 | 制造田野：一个案例

每一个人毫无例外都是文化的作品。

　　　　　　　　　　　　　　　　　　——格尔兹

　　从前文中已经看到，设计人类学有两个基本向度，即实践和理论，它们分别指向产业和学术。但无论是设计实践还是理论书写，最终都指向特定的预期目的，这并不能满足设计人类学的期待。能否从底层逻辑上超越这种简单化的目的论，以更大的野心和不同于传统学科化的思维方式去开展文化实践？我们在此试图呈现一个不同的设计人类学田野案例，其建立在对设计涵义的综合性理解上，正如本书多次强调的对设计的物、形式和事的整体性和包容性认知，谋事也是设计实践的一项重要组成。设计学如果想要在现有基础上有所超越，就需要进一步直接打破目的论的谋事观念，不满足于创造物、形式甚或强目的指向性的规则，而是适当引入更为随机的（Random）、即兴的（Improvisational）和实验的（Experimental）文化实践方法，形成一条旁出的学术进路，或称之为设计人类学的文化实验向度。

　　设计人类学的文化实验建立在对人类学文化研究兴趣的基础上，它不以形式设计、产品设计或各种传统设计分类为产出目的，

149

同时它也不以现象分析、内容记述、理论建构等学术成果为旨归。而是强调参与式的文化实践本身，通过制造一个田野的方式来开展文化实践活动。虽然在此过程中传统意义上的设计实践和文化理论也会从中生发或生成，但都是建立在这种长时间、整体性的文化实验的基础上的。设计人类学部分承认文化与书写的必然联系，但也同样对"文化即阐释"保留部分疑问。如同格尔兹自己所说，人类学知识的源泉不是社会实在而是学者式的构造之物。[1] 设计人类学依然朴素地认为，文化从根本上生发于人的生产生活之中，即使它暂时没有被认出或是没有被阐释，它依然以某种笼罩性的方式存在于人们的日常之中。设计人类学文化实验的目的是生发和涌现，是对特定群体的并不确然的思维和行为的影响。要实现这一实验效果的途径有很多，因为随机和即兴是此类实验的特征，所谓"法尚可舍，何况非法"，文化实验本身是向文化现实和生活现实敞开的。在此所呈现的案例可能是若干实验方式中的一种，如果一定要从设计学的视角看待它，那么这种实验的方案从策划到完成，其本身就是纯粹的谋事观的设计实践过程。对于此项目，我们称之为"制造田野"，笔者与合作者于 2014 年到 2016 年间在北京东城区的东四七条胡同，设立了一家艺术空间（田野调查点），在这里举办当代艺术的展览和活动。在这两年的时间里，观察当代文化在这片北京最传统的城市中心社区中与公众生活所产生的感应。通过长时间在地化的参与和实践，一方面为社区居民提供了丰富的异文化景观，为人们提供了与主流文化些许不同的文化趣味；另一方面通过制造当代与传统的有意碰撞，认识和理解最基层的公众文化接受和排斥的状况。

第一节 关于空间

我们 [法国学者奥赫丽・马蒂诺（Aurélie Martinaud）和笔者] 开展实验的空间全称是"东四七条的实验空间"，为了便于交流，对内对外使用拉丁文称其为 LAB47（图 5-1）。实验空间地点设在北京市东城区东四七条的胡同里，空间总面积大约 10m²，其定位是一家替代性艺术空间（Alternative art space）（图 5-2）。虽然空间并不大，但透过它的玻璃门可以直接看到内部的展览。利用这个特点，空间的照明会在天黑时自动开启，持续整个晚上，直到天明关闭（图 5-3）。因此，它某种意义上也是一个一直开放的空间。借着外溢的灯光和人们日常经验之外的景观，这个空间一直吸引着东四七条附近的居民和途经此地的人。

替代性空间概念诞生于美国，以 1964 年激浪派大本营"激浪大会堂"为起点，以纽约为中心，以替代美术馆、画廊、沙龙等传统展出空间为目的。乔治・玛丘纳斯（George Maciunas）、比利・艾普尔（Billy Apple）、河原温（On Kawara）、劳伦斯・魏纳（Lawrence Weiner）、斯坦纳和伍迪・瓦苏尔卡（Steina and

图 5-1 LAB47 标志

空间图

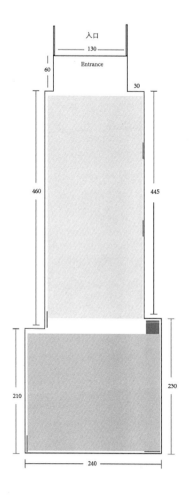

H: 246

H: 220

图 5-2 LAB47 空间平面图

Woody Vasulka）等一大批先锋艺术家和学者相继投身替代性空间的运动中，这一波浪潮也成为美国乃至世界艺术史的一个重要组成。对于 LAB47 这一替代性空间而言，一方面，由于这种空间体量较小，与美术馆、画廊等相当规模的艺术空间相比更加易于操作，有助于在有限的空间和财力条件下迅速建立起一个艺术展览的场域，也即一个设计人类学的田野站点；另一方面，基于替代性空间所映射的当代艺术本身的先锋性和民主性，LAB47 很快就受到青年艺术家的关注，在其存在的 2014 年 11 月到 2016 年 10 月这两年时间中，共举办了 15 次展览，吸引了大量社区居民乃至国外观众的到访。LAB47 的实验路径是，建立一个站点，以此站点为中心辐射整个社区，通过制造一个标志性的社区文化点位，培育起一块文化实验的田野，故谓之"制造田野"。

由于 LAB47 通过其玻璃门常年不分昼夜地向观众开放，因此它会持续在生活现实中发挥作用，这一点对于整个项目至关重要。因为生活的关键词不是逻辑推理，也不是自然因果，而是自由创造，这意味着我们需要一个理论上的初始状态，它足以蕴含自由行为的全部可能性，不仅是一个想象的生活起点，而且蕴含着一切可能性的未来。[2] 而对于当代艺术，传统社区的民众从来就缺少此种类型的审美传统，甚至连认知都谈不上，更妄谈欣赏甚至思考。所以，对社区公众最大程度的开放，就是让空间及其艺术持续性地介入生活；让一种新文化介入到社区民众的生活中，感受和观察文化互动的过程。

围绕 LAB47 所开展的文化实验，是用建立站点的方式开启一个为期两年的设计人类学项目，当代艺术在其间面对的是社区公众的传统审美观、价值观、风俗观与信仰观，艺术与生活在此间发生碰撞或濡合。这是一个不可控也无需过分在意的过程，空间

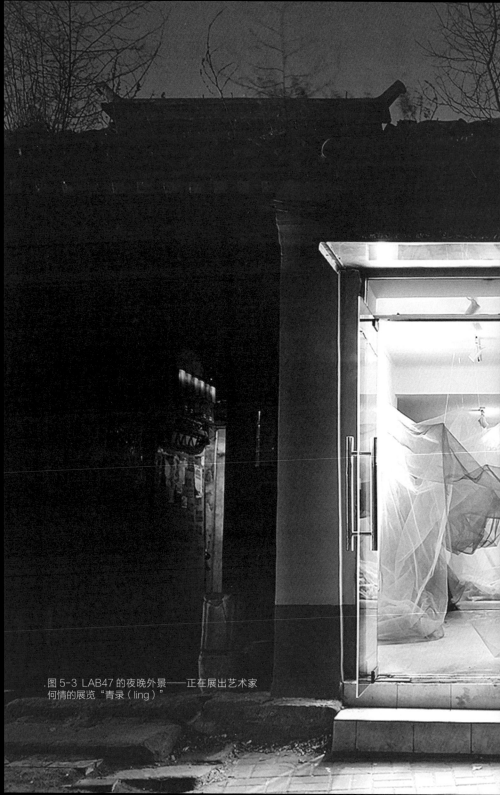

图 5-3 LAB47 的夜晚外景——正在展出艺术家何情的展览"青录（ling）"

通常不会"打扰"公众，比较有聚集效应的活动是每个展览开幕的小型酒会，其就开办在露天的胡同里，放酒水的台案就是胡同里的三轮车，街坊四邻可以来喝点东西、看看展览、聊聊天，有点像一个小节日（图5-4）。胡同东边的王阿姨招呼胡同西边的李婶过来看看，看不看得懂并不重要，关键是打开了一个新世界，有一些与过去的日常生活不同的谈资。至于为什么是艺术展览的方式而不是餐饮或者游乐的方式，主要是我们共同的"艺术化生活"的价值观认同。就如伊格尔顿所说，"作为生活方式的文化需要向艺术的文化靠拢，人类存在的意义大概就在于将自身塑造为一件艺术品"。[3] 我们认为，在艺术中存在就是自我艺术塑造的根本条件。

LAB47还有一个重要特质是其选址，除了坐落于北京传统的中心城区之外，空间的对面还是一所小学。艺术教育功能在此增加了这个实验空间的意义维度。这一点在每天等待孩子放学的家长身上尤为突出，他们都是展览的长期观众（图5-5）。而小学生们也经常扒在玻璃门上看空间里的展览，在开放日还会冲进去嬉戏，但他/她们从未出于好奇破坏过展品，而只是观看和利用展览空间追逐嬉闹，这一点在我们看来是非常难得的。2015年年初，在中国当代艺术奖主办的独立非营利艺术空间沙龙上，发起人刘栗溧说，"空间对面的小学未来说不定会出现徐冰、蔡国强那样的大艺术家"。这确实是文化实践影响的一层可能维度，而同样重要的另一种期许是，这所小学能够走出尊重艺术的政治家和企业家，更多的小观众在未来成长为更尊重文化艺术、眼界更宽广、更具有创造力的人。

艺术家和艺术展览自然是这个实验空间的核心，艺术家创造

图 5-4 展览时的东四七条街景

图 5-5 LAB47 对面小学放学的场景

内容，艺术展览影响观众。LAB47 空间与艺术家合作有两方面特征，一方面是仅做个人展览或个人项目，这当然也有空间规模的因素限制，但主要还是对于艺术家独立价值的尊重，因为个展是艺术家的展览，群展是策展人的展览，个展注重艺术家的个人表达，群展则遵循策展人的理念，这在艺术的角度、意义和能动性上区别是很大的；另一方面是展览期限相对较长，根据情况有一个月到两个月的展览期，这期间空间的钥匙在艺术家手里，何时打开大门全由他／她来决定。LAB47 对艺术家的实践期待比较简单，就是展览必须与空间现场或胡同社区发生关系，而非将工作室创作好的作品直接拿来展览。在这一点上，艺术家的态度实际上与我们相一致，他／她们会希望自己的在地性（Site-specific）作品与 LAB47 的物理空间和文化空间都建立微妙的联系。

第二节　艺术活动：实验的界阈

在 2014—2016 年的两年时间里，LAB47 举办了 15 次展览，这一节我们将回顾这些展览，并从中认识到每一次展览实际上都是一次文化生产活动。展览是艺术家和艺术的，但促使这些展览生效的却是公众的猎奇性参与，以及公众、艺术品、艺术家在这个空间中的互动过程。这与那些特意去美术馆、画廊或艺术区的观众是不同的，这些社区公众没有思想期许，没有品位包袱，甚至也没有知识储备，有的只是一种"遭遇式的体验"（Encounter）或是"不经意的一瞥"（Glance）。让我们感兴趣的就是这种不期然的经验，人们并不是为了某种明确目的而来，而是经过，在经过中遭遇，体验然后忘记，或是在不断的往复中形成某种特殊的异样经验。这些都是 LAB47 文化实验的旨趣。在邀请艺术家开始创作之前，我们给予这个项目一个统合性的名称，EXPÉRIENCES，我们直接称其为"经验"，并提出了关于这个主题的思想主张，摘抄如下：

经验，Expérience：一个从拉丁语 experientia 衍生出的法语词汇，其词根 experti 意味着尝试。

在法语中，Expérience 通常有如下几种解释：①通过实践尝试获取的某种知识或惯习；②通过有意识的实践获得建设性或突破性的观点；③针对一个系统或教条等进行某种程度的实践尝试；④测试，以实证研究一种关于自然或可感知现象的假设。

作为一种实验与实践的行为，Expérience 受到我们对智识与新事物的探求的驱使。无疑，其词义首先意味着这种行为自身。但与此同时，当 Expérience 的过程发生之际，其便转身成为自身实践的结果，变为一个自足完满的"尝试—获得"的系统。

遵循着这一思路，Expérience 如同一个悖论：一方面，由于它意为尝试的活动，其词义中就包含了持续性时间的重复实践，我们称之为"实验"；另一方面，它作为被经验的事物，其经验的过程由重复归为整一，而其结果就成为"事件性"的瞬间。

那么，艺术如何在这个语词意义的两极展现出它的价值？

毫无疑问地，艺术，在其与"实践"的关系中，植根于自身重复性的活动；艺术是一个创造的过程，一个包含着"错误""意外""测试""发现""调适"和"创新"的多样且完整的实践过程，其首先无外乎一个"过程"；但与此同时，通过尝试与实践，其又自为地生产着"意义"，成为一个完满的"瞬间"。

诚然，当我们将艺术视为一种"经验"的时候，它即成为一种感受的过程；艺术不再以一段段重复式的模式（"多"）出现，而总是以转瞬即逝的"一"予以复现。这时，艺术成为一种脱离形式的纯粹经验，其化为一系列非物质的存在，与唤起它们的人类遭遇，产生其不确定的影响。

因此，在其意义的错综复杂的关系中，艺术家，唯其实践才能够在 Expérience 自为的悖论性能指中探寻有效的连接路径，抑或多样的可能性。

我们将 Expérience 称为"经验"，它包含五个角度：

（1）尝试性的实践与创造过程；

（2）创新驱使与意外发生：二者的价值论抑或间性？

（3）艺术的"经验"与"实验"：介乎创新实验与既有结果之间的研究；

（4）"经验"和"实验"的视角：艺术家与观众之间的辩证关系；

（5）将"经验"作为一种"行为容置"（mise en action），一种自为或他为的呈现。

经验和实验，是以 LAB47 空间为田野站点的文化实践主张，这种主张在空间存在的两年时间中，通过多元的艺术展览得以显现。

第一展：青录

时间：2014 年 11 月
8 日—11 月 30 日；
艺术家：何情

　　"青录"（líng）是"经验"项目的首个展览，此项目的主要目的在于通过艺术实验所实现的一系列案例，思考汉、法两种语词中 Expérience—"实验／经验"这一对能指符号与现象世界的关系。

　　展览来自艺术家何情一直持续进行的实践项目——对"局部自然"的重构。自然界中的青山绿水是她想要捕捉和再现的画面，这一动机无意间就承续了东方特有的人文传统。与古人所不同的是，何情使用"网"来创造作品，将作品与营构的环境融为一体。"网"既可以成为牢笼，也可以成为区隔。它既带来困顿，也带来安宁。因此，在这样的青绿山水画面中，我们不再停留于"卧游"的惬适，而是用观看、身处、思考与体悟，通达艺术家预设的悖论性情境之中（图 5-6 ～图 5-8）。在由观看向身处，感受向思考的转变中，青（法语：Bleu）与绿（法语：Vert）在认识中化合出一个新的指称——"青录"，它涵纳着作品所划归的感知与逻辑、非逻辑的界域。

　　古德曼（Nelson Goodman）曾将两种色彩符号蓝与绿（Blue and Green）在认识论中化合为 Bleen 或 Grue。受其启发，何情的此次作品希望用一个含括对象在时间与空间中"绵延"的词汇来指谓其创作意图，这一词汇便合并了"青"与"绿"，构成"青录"。

161

图 5-6　青录展览场景

图 5-7 人们在作品之中"观看"作品

图 5-8 展览开幕场景

从这组作品中，我们能够感受到那些从矛盾性思考的缝隙中流溢出的灵性。与此同时，公众又或许能够获取一种非理性的体验。那些青色或绿色的网，其所构成的青山绿水，层峦叠嶂，倏然起伏。在它之下是一种令人窒息的困厄，而其转而又如同一个逃逸的处所。在这样平静的表面与潜藏的冲突之中，展览在形而上的意义中呈现着人是如何在这个矛盾无处不在的世界中安然栖居的。

第二展：无获之行

时间：2014年12月
13日—2015年1月
17日；
艺术家: 王楠、曹小羊、
王要

　　"经验"项目的第二次展览，我们邀请了旅法艺术家王楠、曹小羊与王要，一同完成一个场景与体验空间的氛围营造。作为一个以氛围呈现为意图的艺术实验，艺术家将现场的声音演出与影像放映同时进行，由此将观众带入一场感官之旅。实验空间在此成为一个由灯光、装置、声音、图像、艺术家、观者共同构成的展览空间（图5-9～图5-11）。

　　"无获之行"首先意味着邂逅或遭遇，正是生命中若干不经意的事件性瞬间构成了人类经验的单子。在英译 Wherever We Can Go 中，强调"能"（Can）意在表明"由于可以去，因而可以获取经验"，由于是"不确定的地方"（Wherever），因而"用着不确定的态度获得着不确定的经验"。"能"暗示着存在和发生的可能性，而"不确定"则宣称着对存在的怀疑。

　　"无获之行"同时是一场通往感官的旅程，那些真实或奇想的夜行如同在梦境中发生；那些在游弋中发生的探问：我们要去哪里？为什么去？为什么继续前行？走向一个既未知又甚或未必存在的目的地？当诸如此类的反省不断地将不幸强加于我们的自在之维，漫无目的就自然地被当作存在的挑战来实验。艺术家们的方法是通过不断前行的动作，来避绕智慧中无法隐遁的虚无的终点。

图 5-9 "无获之行" 展览场景

图 5-10 展览开幕场景

图 5-11 展览开幕街景

第三展：间界

时间：2015 年 1 月
31 日—3 月 7 日；
艺术家：任波

    "经验"项目的第三次展览，我们邀请到艺术家任波，呈现她的作品"未命名 5（Untitled-5）"。这是一件非常有意思的作品，我们在初次见到这件作品的时候就感到了它的独特气质：一扇普通的门，门上开出一个玻璃窗，透过窗子能够看到五个古朴的戏偶。布偶与红门的组合呈现两种可能性：如果把布偶看成同一性的物，那么它们就与门合而为一，成为一体之物；但如果将布偶直觉成一种人格化的存在，那么他们与门之间就存在着相当遥远的距离。戏偶此时再非戏偶，而是真切的彼岸生灵。门是此岸与未知之岸的界线，人们跨过它就走进了俗信经验，一个始终向此岸开放的精神空间（图 5-12 ~ 5-14）。

    当然，人迈不过这道门，就如同俗信经验只是一种代代相传的想象，我们无从证实，无从查验，甚至无从把它真正打开。我们只能透过门上那扇透明的窗，看向彼岸，想象彼岸，而绝无方法跨入彼岸。于是，在此岸与彼岸之间，是一道门的距离，而这扇门，却有着无以穷尽的厚度。

    由于这扇门的存在，实验空间成为一个通道，我们虽然无法跨过通道尽头的这道门，但却能够通过我们的生命经验抵达这道门，一路向着门后的风景走去。我们能够体会，生命在此刻被转喻，个体的时间与空间维度被压缩为一个通道，它通达着一个

图 5-12 "间界"展览空间

图 5-13 展览的胡同视角

图 5-14 展览开幕场景

希望与绝望共存的终点。这件作品在这个空间与时间出现，如同为此时此地撕开一个罅隙。在展览所处的新年交替的特殊时刻，将本土的文化、风习、俗信与集体记忆，共同凝结于作品与空间的通合之中。而特殊的时间与空间，也共同构成了最适合这件作品的情境，对其赋予了广阔的想象空间与深刻的文化意味。

第四展：图境之中／情境之外

时 间：2015 年 3 月
21 日—4 月 26 日；
艺术家：安德鲁·柯
　鲁克斯（Andrew
　Crooks）

　　"经验"项目的第四个展览是"图境之中／情境之外"，它是美国艺术家安德鲁·柯鲁克斯在中国的首次展览。他的作品一直在探讨真实与伪造之间的关系，潜心于通过创造虚假图景来呈现真实的艺术作品。真实与伪造二者之间的边界在他的作品中变得模糊不清。在 LAB47 空间中展出的作品出自柯鲁克斯的一个图片系列。在这个系列中，艺术家将他搜集的中国早期宣传画中的元素重新还原，通过法国早期戏剧中的"构景"（Mise-en-Scène）方法解构和重构图像。如同游戏一般，柯鲁克斯戏谑地处理图像与其来源之间的关系，通过构建一个反向思考的视觉图境，来使观者生出对于身处情境的想象或感受（图 5-15～图 5-17）。

　　在此次展览中，艺术家着力呈现了"虚假的真实"：用重制的相片替代的女性图片，用丝线悬挂的云朵，塑胶的降落伞，一切都是人造的假象，而这一系列的假象又提醒人们对真实世界所应恪守的怀疑态度。

　　基于在虚假与真实之间的游弋，作品力图让人们意识到这样的问题：虚假充斥着这个世界，人们都在物理的与精神的虚假世界中生存。在柯鲁克斯搭建的这个空间内，在这一时刻，观者都成为虚假世界的一个组成部分。而转瞬，观者们飘浮于云端的离奇幻景又好像变得无比真实。在虚假的摆拍与真确的在场之间，

图 5-15 展览中观众与作品合影

图 5-16 展厅中的观众

图 5-17 展览开幕式胡同街景

柯鲁克斯让观众扮演了"构景"中的真实角色，如同图片中的图像，如同其身处的环境，观者变成了作品的一部分。

第五展：涌现

时 间：2015年5月
16日—6月18日；
艺术家：任瀚

　　"经验"项目的第五个展览是艺术家任瀚的"涌现"（图5-18）。其作品发端于对装饰的思考，进而上升为对装饰与艺术、对文化与自然造物界域的探究。在展览中，任瀚首先提出了几个问题供人们思考，什么是艺术？什么是装饰？艺术起于何时？终于何时？

　　装饰一直被视作一种家庭生活中的艺术：一种美化家庭生活的途径。无疑，它常常是一种表面化的美，一种点缀的艺术，其功能仅仅是满足视觉的愉悦。由此伴生的是多样的形式、色彩和材质，它们所构成的符码。

　　艺术家在其由探问装饰为起点的作品中，使用了一种如同镜面的符号，耀眼的石墨灰色，或是对有机物的拓仿。它们好似一种光的美学，艺术家创造了一种艺术与其关注客体间新的关系。在任瀚的作品中，有相当部分是装饰物与艺术物之间的转换。装饰物是一种被动的、自发的接受，一种本能的自我愉悦，它与思考无关；而当代艺术的造物则恰好相反，它引导我们进入独立思考的疆域。艺术家的实践无疑是对此两种基于视觉创造的边界的打通，或者说通过强化装饰的作用，悬置两者，让人们身处作品之中，而思考却模糊困顿。在似是而非之中，体味艺术边界的浩广。

　　一个因素在任瀚的艺术实践中非常重要，就是对镜面效果的制造。由铅色涂绘的厚度构成一个模糊镜面，通过它，人们能够看到零星的自我。艺术家用镜面既体现装饰性也表达一种符号意

图 5-18 "涌现"作品

图 5-19 "涌现"作品局部

图 5-20 开幕现场艺术家与观者交流

味：一个物的通路，通向"界线"，它使我们面向自身。任瀚的镜面是石墨的密布的涌现：石墨的银灰色反射了光自身，镜面的功能性与装饰性同时失效，此刻其倒映的是光亮与黑暗，或是欢愉与阴郁的媾和，它连接其两个世界或两种状态（图5-19）。

艺术家的作品还关注人与风景的关系，这当然与装饰（常常以自然物为图样）密不可分。同样是用重复性的石墨效果，他通过在墙面上的涂绘或凿击直接制造出一个场域环境。同样是构境的行为，它用一种冷静的、抽离意义的黑色调创造一种风景，这或者可以说是风景与人的联系。有意思的是这些镜面反射，散乱的、弥漫的、零星的，它们构成了山与水，一个孕育中的世界，疏朗的形式让它们从混乱黑暗的环境中涌现出来。在深黑色的夜晚，银色的光亮让风景澄明（图5-20）。

艺术家所制造的冷酷黑白，这种强烈对比与装饰性看上去大相径庭。但反过来看，这里存在一种悖论性，即艺术家在这种直接的去装饰化的图式中创造出了一种新的美学，一个凝视与冥想的世界，它既是艺术的，也可以是装饰的。

第六展：奊孬嫑炎
（Cacography）

时间：2015 年 6 月 27 日—8 月 20 日；
艺术家：蒂埃里·勒乔瓦（Thierry Liegeois）

　　"经验"项目的第六回展览相比前几次更为隆重，它获得了新世纪当代艺术基金会的资助，有幸请到了法国新生代艺术家蒂埃里·勒乔瓦。艺术家使用装置、影像、声音等综合性手段进行了跨媒介创作。

　　展览英文名 Cacography 的本意是一种丑陋的书写方式，抑或一种错字。其既可能是"写好字"能力的缺乏，也有可能是"故意为之"。总之它有悖于人们的书写惯习。中文名"奊孬嫑炎"是一度流行于本土网络的拆字取义的用字方法。此四字本来念作"bu nao biao yin"，本无实际意义。而将它们组合在一起，字形拆解后就成了"功夫不好，不要开火"……民间对文字的这种解构与重赋意义深具幽默与智慧。与"写坏字"相似，两者都具有一种对既有的、现存的规则的冲破欲愿。人们有意地写错与念错，或多或少是对循规蹈矩的偏离，是挣脱束缚的快感的溢出，是长久以来自厌情绪的某种不自觉宣泄（图 5-21）。

　　对"错"的追求来源于勒乔瓦对处境的感受，在某种程度上，他的艺术创造是工业文明对人们俗常生活强大支配作用的倒映。他惯于通过改造、捏合日常生活中的工业产品，创造出荒诞而诡谲的艺术作品。这些幽默、怪诞的形式既是一种自发性表达，而其背后

179

图 5-21 "奕孬蘡焱" 展览作品

也是艺术家一贯的敏锐而严肃的感受与深刻反思（图5-22）。

在此次展览中，勒乔瓦选择了北京胡同中经常看到的三轮车，对其进行拆解重塑。艺术家对三轮车的感觉来源于他在法国时便留意到的北京印象。诚然，对艺术界有关注的人的艺术经验已经见到一些与三轮车相关的作品，有图片、影像，也有装置。但胡同居民却未曾留意过三轮车与艺术发生关系的可能性。三轮车是一种实用而有趣的运载工具，看上去它与信息社会相阻悖，但它确实简单、有效而恰如其分。很大程度上，三轮车是一种社会分工、一个阶层的缩影，更准确地说，它代表了一种生活方式抑或生存状态。勒乔瓦选择三轮车的动因在于发现这种早期工业化／前信息时代产物在当今都市生活中充当着的重要角色。并且，这种"原始"工业产品与艺术家工人阶级家庭出身相吻合，艺术实践与其媒介之间是统一的。勒乔瓦通过拆解、组装、焊接、重制，将三轮车的零件与自然中的植物、声音以及人为的光电元素等合构一处，呈现出一个有机的微观世界。通过恰到好处的意义叠加，创造出一种新奇的美学体验。

在这次展览中，LAB47空间变身成为一个迷你"花园"，绿意丛生的机械零件放置其中，生命的绿意覆盖冰冷的铁锈，它们傲然独立，如同大自然——如果它也由人类的活动构成——在文明废墟上留下的一个个纪念碑，艺术家为它们赋予了生命轨迹，为那些无机物附加了光晕与神性（图5-23）。

图 5-22 观众与作品

图 5-23 展览开幕街景

第七展：塞巴斯蒂安是谁？

时间：2015 年 8 月 29 日—9 月 20 日；
艺术家：于海元

    "经验"项目的第七回展览来自画家于海元，展览的题目在于对实验的认识论和实践论提出设问，我们想要为公众提供一个艺术以及艺术品命名合理性的反光镜。在此，艺术或艺术品如何成其为艺术或艺术品，"是，或不是艺术"？类似的判断将由观众自行给出。"实验"项目的作品一直都面向着社区的生活空间，以周遭公众的参与确保着其活态性。这一次，我们试图让观众思考当代文化语境中的悖论性议题：艺术品的合理性到底是由作品形式决定的还是人的审美经验决定的，艺术在此种设问的普遍性背景中是否只充当起了媒介作用？

    从写实主义的传统出发，于海元一直醉心于对西方绘画大师的临摹。与一般的描摹者不同，其所追求形神再现的最终目的是通过重复性的艺术实践直面西方大师的感受与实践经验。之所以不同于一般意义的描摹，在于其持之以恒的临摹纯然基于艺术家本人的自发性，其动机全然集中于艺术的实践行为本身。临摹是他绘画行为的起点与终点。将这种自发的临摹行为放置于中国的文化史背景之中，便生发出一种持守文脉惯习的传统文人意味。

    从另外一个角度，艺术家所临摹的对象都是出自油画的西方本源，不同文化主体在共享文化形式的同时，宿命般地被彼此间不可逾越的鸿沟所阻滞。一种文化基因的携带者如何进入他者的文化血脉与感受世界？临摹的意义何为？于海元的实践与探寻是否是一种"西西弗斯"式的存在主义体验?

在这次展览中,于海元临摹了西班牙绘画大师埃尔·格列柯（El Greco）的作品《圣·塞巴斯蒂安》,从某种角度出发,这是一种"实验性经验"的结果——艺术家面对绘画本体（复制品）的美学经验（临摹）,成为其独特美学的道成肉身。

在展览的开幕式上,自由音乐者曹小羊和王要的音乐作品与绘画作品同时出场。两位年轻的音乐人从传统西方乐器、自然声响与工业噪声的组织中创造出了一曲新的音乐作品,对德彪西的神秘意味作品《圣·塞巴斯蒂安的殉道》（*Martyre de Saint Sébastien*）的创造性阐释。与绘画作品相一致,两位音乐人同样希望将跨文化的簇新的美学经验诉诸西方经典作品之中（图5-24、图5-25）。

由此次展览所呈示的,是一系列思想角度的施放:诸如艺术复制的传统（无论是艺术家的有意临摹还是造假行为）;诸如西方经典绘画对本土社区居民的影响;诸如有关艺术实践的问题（那些被艺术家彰示或掩藏的行为）;诸如阐释与创造的关系,以及关于圣·塞巴斯蒂安本身神话学与图像学的多样化解读等。

图 5-24 开幕式上两位音乐人在绘画下演出

图 5-25 展览开幕现场

第八展：丹树下：他物之旅

时间：2015 年
9 月 26 日— 10
月 31 日；
艺术家：张丽丹

　　"经验"项目的第八回展览呈现了艺术家张丽丹的个展"丹
树下：他物之旅"。这是一次始于经验的展览：一种关于精神之
旅的经验。作为一个长期艺术项目，艺术家以与树相处的方式，
将自我融入中国和欧洲多地的自然环境之中。在这种云游式的融
入中，艺术家在唤回人类作为自然物本能的生机之外，更获得了
一种智慧生物关于"存在"的深切理解（图 5-26）。

　　在这次展览中，LAB47 所处的东四七条胡同被艺术家有限"占
用"（图 5-27）。张丽丹在胡同中设置了一些"线索"，引导观
众徐步进入展览空间。空间的布置非常像 18 世纪欧洲的奇幻屋，
其中布置着艺术家在旅行中收获的物什。这些物什既如同一个个
旅程的见证者，又从某种意义上成为艺术家的替身。与这些收集
物一道，影像艺术构成展览的主体。在影像中，人们将看到艺术
家如何静谧、安然地与树木和谐相处。

　　观众身处展览之中，但意却在不可言说的别处，既非中国，
也非欧洲，更不是脚下的胡同。人们被邀请到一场与自然对话
的情境中，在其中与尘封的本我对话，除袪繁缛的身份符号，
从对话中获得两种"身体"——人与树木（自然）——的统一。

图 5-26 丹树下：他物之旅展厅场景

图 5-27 展览开幕式胡同街景

第九展：我还没去过所有的
地方但这没关系

时间：2015 年 11 月
14 日—12 月 19 日；
艺术家：迈克尔·博
登曼、马塞尔·克施
文德

　　"经验"项目的第九个展览由瑞士艺术家迈克尔·博登曼
（Michael Bodenman）和瑞士音乐人马塞尔·克施文德（Bit-
Tnner）合作完成，主题是"我还没去过所有的地方但这没关系"。
此次展览由瑞士文化基金会 Pro Helvetia 支持，还是"中国瑞士
建交 65 周年"活动的一部分。

　　迈克尔·博登曼的艺术实践和其个人记忆与经验紧密联结。
在他的作品中，他关注旅途中所观察到的视觉现象或景观，所有旅
途中的景观对他而言都是高度可识别的和全球性的。这些视觉景观
在其主观的凝视和创作中被处理成为一系列视觉符号，通过对这些
日常图像或物质元素的语境化辨别，重新搭建它们之间的关系。通
过重新定位、组合和拼搭，博登曼最终赋予这些材料以全新的意义。
在其一以贯之的艺术实践中，博登曼用旅程中收集的照片与影像材
料完成了一系列出离城市与文化语境的作品（图 5-28）。其结果
指向着，超越其作品的纯粹视觉呈现的更多层次的语义指认。

　　在此次展览的首日，博登曼还联手著名的瑞士电子音乐人克
施文德，完成了一次在地化的声像演出。在克施文德充满能量驱
动力的现场音乐中，慢节拍、电子与 Dubstep 交错出场，他用不
同音轨整合出一种诡异的阴郁氛围，但同时如怪兽一般的贝斯又

图 5-28 展览作品（资料来源：图片由艺术家提供）

奏鸣出一种好似欢快的旋律，其音乐作品始终在这样一种多变而丰富的层次之中，回响在东四七条胡同之中。两位艺术家充满创造性地在 LAB47 的空间内建立了一个异质性的、多维度的、与胡同环境形成强烈反差的、全新的文化空间（图 5-29 ～图 5-32）。

图 5-29 两位艺术家在展览现场（左：克施文德，右：博登曼）

图 5-30 展览开幕式现场

图 5-31 克施文德在开幕式演奏电子乐作品

图 5-32 被踩在脚下的作品，与经验的极大反差

第十展：澄明

时间：2016 年 1 月 23 日－3 月 5 日；
艺术家：梅尔兹
（Christian Melz）

　　"经验"项目的第十回展览是德国艺术家／设计师梅尔兹的"澄明"（Lichtung）。在展览中，艺术家力图构建空间、时间、人的存在以及场所精神等物质与非物质因素的共时性在场，打开一个本真的空明境象。艺术家希望通过展览中光线与空间的通合，照散人在迷霾中隐遁的沉沦，让这个小空间一如林中疏然的空地。身处其间，遮蔽敞开，"此在"顿觉，思绪与情愫雀跃着拥抱空间中显现的本我，也许此时，"诗意栖居"的语义修辞才真正打开了它通往现实的出口。

　　展览的艺术品是"灯光"，这让人们回溯起光的意义。普罗米修斯的火种照亮了柏拉图的"洞喻"，飞利浦的荧光透射出福柯的"原始光线"。人类历史就如同一束光在暗室里摆动留下的迹线，在这条线上，光引领着人们的眼与心。人们看光，继而想到真理，光与真理共同编织成你我有限想象中的永恒。

　　如果人类确如海德格尔所言，是一个个被遗忘的存在，那么光就是首要而绝对的条件——让我们获得"此在"，明心见性。光拨开遮蔽，照亮世界与一众存在，让这些被遗忘的存在获得注视。是光，让思想存在，继而显现，让这存在得以绽出。也是光，让其普照之下的万物得以澄明。

　　除了作品本身的意义，这个展览还尝试了一种新的展览实践形式，即将上一次展览艺术家博登曼的作品保留，让梅尔兹的灯

图 5-33 展厅中的梅尔兹作品

图 5-34 展览开幕式场景

光叠置于前者的作品之上。基于二者艺术作品都受限于这个小型空间的结构，决定了这是一次突破性的展览实验：一方面，两种艺术方式的物质性和视觉叠加，光线与物质材料两种元素协商共处。从空间上看，新作品为此前的作品赋予从语境到语言的变化；从材料上看，灯光作品在创造与设置中需要考虑既有的作品，与先前作品构成一种"合谋"。另一方面，从时间上的连续性转变为连贯性，不是以往"切片式"的一个结束另一个开始，而是打通作品与作品之间、展览与展览之间的区隔，这种关系链的搭建成为艺术家与艺术家之间的潜在链接。我们希望这种尝试能为艺术展览实践贡献一些新的可能性（图 5-33、图 5-34）。

第十一展：当智者指向月亮，愚者才看他的手指

时间：2016 年 3 月 26 日—5 月 7 日；
艺术家：祁震

　　"经验"项目的第十一个展览是艺术家祁震的"当智者指向月亮，愚者才看他的手指"，在展览开始有这样一段《楞严经》中的故事：

　　佛告阿难：汝等尚以缘心听法，此法亦缘，非得法性。如人以手，指月示人，彼人因指，当应看月，若复观指以为月体，此人岂唯亡失月轮，亦亡其指，何以故？以所标指为明月故，岂唯亡指，亦复不识明之与暗，何以故？即以指体，为月明性，明暗二性，无所了故。

　　　　　　　　　　　　　　　　　　　　——《楞严经》

　　"当智者指向月亮，愚者才看他的手指"，其源出于佛祖对阿难的告诫，但凡以攀缘之心去学习佛法，其得到的往往是一种"妄缘"而非"真性"。就如同指向月亮的手指，手指是手段，月亮是真性，如果只盯着佛的手指而忘记了月亮，那就是一种错意甚至曲解。就如同凝陷于佛法本身，却忘记了佛法的意义是为了引导众生去明心见性。这则故事流传广远，在西方成为一句谚语。于是，其引申义为在这个全球化、后工业化、城镇化、士绅化、数字化、信息化、人工智能化的语境里，这些后现代之"法"，

其标指何方？其要将人类带向何处？

　　祁震此次展览的作品从物种的共性出发，用形态各异的动物暗示人类漫长的演进和发展过程。对后工业文明中人的存在状况，尤其是对文化现状的体制性批判一直是艺术家的关注中心。此次展览中，艺术家力图呈现一种"智者"视角的焦虑与无助情绪。空间内部的影像作品是动物在天堂的奔跑，它们暗示着每个物种的生命意义，以及人类逻辑碎裂的假想中生物仅为存在而存在的无法言说的自在驱力。所谓"言语道断，心行处灭"，正是这种不可言说，才是存在意义上的路径与归宿（图5-35～图5-37）。

　　言说是痴人与愚者（或泛指大众）的执着，而智者的"标月之指"则点出了人类的真如自性。如维兰·傅拉瑟（Vilem Flusser）所言，历史的形式乃是文本形式的同形异体，历史即是言说，言说即是逻各斯，逻各斯变成了数字化、信息化的万千法门。这么讲言说是一种原罪？仓颉造字，"文字既成，天为雨粟，

图5-35 展览开幕式胡同场景

鬼为夜哭，龙为潜藏"，何解？不知何朝何代始，先民就明悟了文字让自然秩序更变的力量。那么，在我们今天不断地强调反身性的同时，我们莫名驱力下的肆意妄为是否应该建立在自我反思之上，我们是否应当借用一种"标月之指"，将我们的目光引向更为深远的神性视域？

祁震在 LAB47 这个狭小的实验空间中，企图唤起一个宏大主题。观者可以隐约在这个展览中看到老彼得·勃鲁盖尔（Pieter Bruegel the Elder）《盲人寓言》（The Parable of the Blind Leading the Blind）中的图景。其相同点是都由宏大主题支撑，都表达了对命运的忧虑，都由宗教或信仰驱使。所不同的是，此次展览"标月之指"建立在一种东方视角之上，这种思考的根源在于主体身处世界的感受，而非解释经卷或从开始就将世界作为对象。其创造作品的意图来源于一种潜意识中的仪式冲动，所有的动物塑像都暗示着古老的萨满教仪式，其所召唤的是前现代、甚或前前现代之言语未及的本然心性。

图 5-36 展览中的作品

图 5-37 小观众与作品

第十二展：是谁把你带到我身边

时间：2016 年 5 月 14 日—6 月 25 日；
艺术家：黄静远

　　"经验"项目的第十二回展是艺术家黄静远的"是谁把你带到我身边"。"是谁把你带到我身边"初看上去像是一句被广泛熟知的，带有亲近感和着西部旋律的歌词。但是当我们把这个句子剥开来看，这种亲近感似乎暗示了一种既全面又抽象，既深入又隐秘的控制。陌生人的肖像、谁、你、我，这些模糊的语词，没有明显主语和谈论对象的陈述，它们赋予了展览巨大而沉重的内容链，使展览变得复杂且诡秘。

　　承担这种文字多点指向和绘画图像传达交叉性的，是绘画自身的最终物质性。在展览现场，一幅巨型的绘画占据了实验空间整个纵深一侧。这个横卧着的"站立"姿态对整个展线的填充造成视觉空间的极大溢满。观展体验被有意设计为一个或长或短的行动轨迹与记忆序列。在狭窄的观展距离设定里，人们只有从门口走入进深，最终方能探得全貌。正是由于对画面完整性占有的困难，正是这种有限缺失，某种意义上激发了观者对画面诸多问题的进一步揣度。

　　绘画性是黄静远艺术实践中的一层维度，这种维度来源于图像生产和图像循环里的问题意识，即，图像不应终结于图像和现实固有的媒体对应关系。在当代，当我们质疑绘画对于复杂问题的呈现是否仍然有效时，一种边界意识却成为艺术家自发自为的路径选择。很难说她是从问题走向绘画，还是从绘画走向问题。二者似乎在一种纽结中化合成一种独特的实践方式。这一点让我们想起福柯，"绘画至少在它的某一范围中是一种在技术和效果中成型的话语实践。绘画——独立于科学知识和哲学主题——贯穿着知识的实证性"。很大程度上，"是谁把你带到我身边"与艺术家一直进行的"公民三部曲"艺术项目，看似主题先行，但绝非是简单地用实践填充概念：它的媒介自发性流露出一种真诚。这既关乎艺术创作的主体价值，又是对绘画自身所承载的知识实证性及其空间介入有效性的积极探寻（图 5-38、图 5-39）。

图 5-38 展览开幕式现场

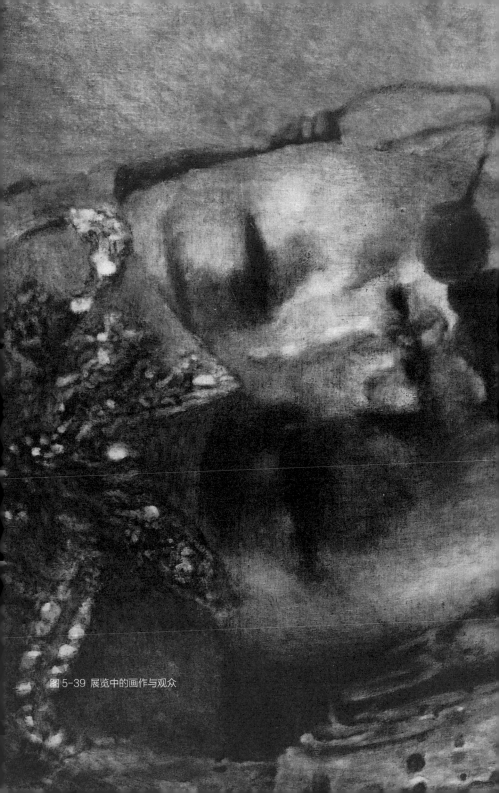

图 5-39 展览中的画作与观众

第十三展：怎么称呼

时间：2016 年 7 月
2 日—6 月 25 日；
艺术家：李爽

　　"怎么称呼"是"经验"项目的第十三回展览，由艺术家李爽策划实现。"怎么称呼"是一次嵌套进"实验"项目的艺术项目，李爽为这个艺术项目命名为"普遍艺术劳动"，项目中的艺术作品全部由艺术工人独立创作。

　　"怎么称呼"(Comment il s'appelle) 这一题目直接出自法国剧作家亚斯米娜·赫札(Yasmina Reza)的戏剧《艺术(ART)》，其展现了人们在"艺术"认识论层面的讨论中所时常陷入的困境。

　　展览的主题与李爽的"普遍艺术劳动"项目之间的联系是间接和微妙的，链接二者的问题是，艺术判断和艺术创造者之间的逻辑关系到底是怎样的？艺术家在此提出的设问是：

艺术家如何看待艺术这个系统（制作、运输、流通、安装……）中的工人？

艺术家如何与他们协作？

在这种艺术现状下，究竟发生了怎样的工作关系？（艺术行业的特殊性）

工人自发或使用其他工人所创作的作品与艺术家使用工人创作的作品是不是同样的艺术？

诸如此类的问题，在艺术作为一种全球化"生产"的语境里，有待被讨论和探明。"普遍艺术劳动"项目正是艺术家对一个含混的全球性艺术机制问题的刺破，她意在引发人们对"谁在制作艺术""艺术是如何被制作的"以及"艺术与艺术世界作为一种资本系统"等问题的思考。她想要揭示在艺术家、画廊、美术馆、机构、收藏家、策展人、批评人、媒体等自成体系的"艺术圈"属地之外，仍然有一片飞地，艺术工人在这片飞地上自有其不可或缺的价值（图5-40）。

"普遍艺术劳动"项目的实践奉行一种诱发性的机制，即艺术家仅仅对她所合作的画廊工人提出倡议，并不给出任何关于作品的想法，任凭这些工人发挥创造。这样创作出的被限制在工人经验基础上的作品于是就带有非常有趣而复杂的属性，一方面这些作品遵循着工人来到城市之前的经验与某种乡村城市化的浪漫想象，另一方面他们长期在画廊工作，在制作、安装、运输的过

图 5-40 展览现场

程中建立了一种对"艺术"的个人见解，这种见解自然地体现在其所创作的作品中。两方面交叠的成因结合为一种独特的审美与表达方式。

一般意义上，在这样一个实验项目中，我们尚不能明确界定每个人的角色（艺术家的角色是什么？艺术行业工人的角色是什么？究竟谁是艺术家？）。但在这种操作机制中，艺术家李爽所起到的诱因是不容忽视的，她在这个系统中与工人形成了一个新的"艺术共同体"，这与她之前在曼哈顿时代广场进行的《与我结婚，得到一个中国公民身份》项目有某种一致的出发点，也即，将自己树立为一个靶子，然后行动，让事件随机发生。她一直选择面对问题，选择一种挑战和激发的方式，不仅仅面对问题，也面对问题的对面，面对自己。在"普遍艺术劳动"计划开始之前，抹平或模糊自己的艺术家角色，这似乎也是她想要实现的结果。而这种行为更像是一种对艺术理念本身的献祭，或是超越（图5-41）。

图 5-41 展览宣传

第十四展：清澈透明的湖水 映出了／这些黑 云流动的影像

时间：2016年8月20日—9月15日；

艺术家：卡兹弥尔斯卡（Karolina Kazmierska）

　　"经验"项目的第十四回展览来自波兰艺术家卡兹弥尔斯卡，她提供了一个与场地相关的装置方案。展览命名为"清澈透明的湖水映出了／这些黑云流动的影像"，诗句出自波兰浪漫主义诗人亚当·密茨凯维奇（Adam Mickiewicz）的诗歌《在清澈而宽广的湖水上》(Above the Vast, Clear Depths)。

　　在展览中，一幅大尺寸图片占据空间的背景墙，它的复制品平放在地面上作为倒影。空间外间的顶棚上布满运动员的图像。这种舞动的装饰带来源于波兰传统的手工艺品：其切刻手法受到波兰地区传统工艺的启发，这里的女性在重要节日前会准备好一种叫作"刻卡"（Cacka）的工艺品来装饰房屋。这些刻卡和中国的剪纸很像，也是通过剪刻呈现几何形状，呈现一种四方或多方连续的装饰效果（图5-42、图5-43）。

　　当观众进入展览空间，将面对一个浪漫主义题材的，由照片组成的"森林"与"河流"。白色的光线破坏了图像也扰乱了我们的视觉。光辉不是来自太阳而是来自空间中弥散的电子光源。在这样一个人造自然的展览中，艺术家想要让观众的精神由此出离，投入到一种闪烁的凝思之中。同时在场的还有卡兹弥尔斯卡

217

图 5-42 展厅场景

图 5-43 展览局部

的设问，怎样看待图像与政治的关系？她创造这个景象想让观者置身其中独立思考。政治图像中的景象往往是体现国家力量的画面，它呈现的是国家的强盛，这种强盛经常会从其自然风光的壮美中映射出来（图 5-44 ～图 5-46）。

这个展览实际上也意在唤起一种浪漫主义与欧洲符号在东方语境中的换位。"我喜欢这种我们所有人联结在一起的想法"，艺术家如是说。

图 5-44 展览开幕式胡同场景 1

图 5-45 展览开幕式胡同场景 2

图 5-46 热闹的胡同

第十五展：沉默的表面

时间：2016 年 9 月 25 日—10 月 10 日；艺术家：王振飞、王鹿鸣

　　"经验"项目的第十五回展览呈现的是建筑师／艺术家王振飞和王鹿鸣夫妇的"沉默的表面"。"沉默的表面"诗出于豪尔赫·路易斯·博尔赫斯（Jorge Luis Borges）的《镜子》。

> 我是一个对镜子感到害怕的人；
> 不仅面对着无法穿透的玻璃，
> 里面一个不存在的无法居住的空间
> 反映着，结束了又开始……
>
> ——博尔赫斯《镜子》

　　人们每天面对镜子，面对自我的镜像，镜子好像比任何人都更了解自己。古人云"相知如镜"，镜子一直以来好像是另一个自我。直到现代我们才意识到，即便镜子真的了解我们，我们也未必了解镜子，博尔赫斯说"镜子窥伺着我们"，它是单向的、霸权的、魔性的，"在这种有照人镜子的房间里，什么事都发生，什么事都不记下"。

　　依据拉康，对镜像的意识来源于独立意志的出现，婴孩最初用镜子来辨清"当下的自己"，继而在镜像中不断求证自我与周围的关系。因此，镜子是人最初的定位装置，唯有镜子能够让人知晓自我在空间中的存在状态。沿此思路，镜像成为人的依据，

221

人之所以存在，恰是由于有一个对象在证明，这个对象可以是镜子中对象化的自我，也可以是他人。如果说没有对象就没有自我，那么每个人某种程度上都是一个镜像。

但试想一下，如果人所面对的镜子中，自我的镜像消失了，这种情况下我们瞬间的感知会怎样冲击自我的存在经验？面对镜子，在日常经验里自我隐身，这种空无又是一种怎样描述的空无？王振飞和王鹿鸣的作品《存在》就是这样一面镜子，在镜面的内部没有主体，只有他者与周遭的空间（图5-47）。我们面对镜子，自我的镜像却从我们对面逃离，这是一个与"存在"开的玩笑，一种对认识论的嘲讽。

在《镜子》的结尾，博尔赫斯写道：

> 上帝创造了夜间的时光，
> 用梦，用镜子，把它武装，为了
> 让人心里明白，他自己不过是个反影，
> 是个虚无。因此，才那么使人害怕。

的确，"反影"和"虚无"让人害怕，但当我们面对一种"无有的虚无"呢？那样的感受是什么呢？《存在》这个系列的作品也许是王振飞与王鹿鸣迄今最具哲学意味，也最为精当巧妙的作品。人们面对作品，很容易会被它所流露出的智慧及其表达的突破性所打动（图5-48）。

图 5-48 艺术家王振飞（右）向胡同中的居民讲解作品

尾声

在最后一个艺术展《沉默的表面》撤展后，LAB47 空间于 2016 年 10 月彻底关闭，这项为期两年的文化实验项目宣告结束。通过这两年间的田野考察，我们得以重新看待文化、艺术、设计、生活、民俗观念，许多既定的概念、意识、边界、认知和思考角度都在实验的过程中发生了变化，公共文化以及社区伦理的一致性、共享性和互动性的认知变得经验化和具体化。在前文的展览介绍中，笔者没有提及观众的情况，而是试图通过图片与文字来还原展览所余留的些许感觉。实际上，东四七条附近的某些社区居民也许也发生了些许变化，胡同中的许多居民／观众也积极地参与到这项为期两年的系列文化活动之中。一些人成为展览的常客，他们会在每次展览的开幕式出现，看看又有什么新鲜的"景观"呈现。一些上了年纪的邻居会特意关注展览的动向，会来询问下一次的展览在什么时候，会展出什么样的作品？他们还会关注空间的公众号，甚至在一些文章下留言。一位热心邻居 Y 先生有一次把笔者领到家里，给笔者展示他退休后练就的书法作品。当笔者表达欣赏之情时，他兴奋地把一幅刚刚装裱好的作品送给了笔者。他虽然并不一定认同空间中展出的"奇异"的当代艺术作品，但他认定我们是懂艺术的，于是才会让我们去他家中欣赏他的作品。还有一位住在东四五条的上了年纪的女士，她邀请我们免费使用她家的院子来开设艺术空间，没有任何条件，这让我们非常感动。诸如此类的各种让人感受到文化和人情渗透力的状况，都让笔者感受到超越书写的实践的趣味和其必要性。

正如本书中多次称述的，设计的宏旨在于实现人的幸福，而幸福的行动在于创造性和给予性。在东四七条的文化实验中，研究者、艺术家、外来访客、社区居民都至少满足了获得幸福感的一个条件。展览期间所有相关方都在一种不同于日常生活的创造性实践中存在，空间运营者、艺术家的"利他"精神和观众的支持、社区居民的回馈同时涌现。艺术家以艺术创造为内容和结果，因此他／她是自足且幸福的；观赏者从艺术欣赏到对艺术存在方式的认同，这种建立在参与基础上的认同本身是创造性的，因此他／她也是幸福的。当然，幸福的程度建立在人的感受性的基础上，在这方面每个人可能各不相同。而所有的幸福必须内化为超越暂时性的经验，才能实现其更大的价值。

设计人类学在此意义上是一种超越了传统学科边际的学术实践方式，笔者所理解的学科交叉的意义实际上也就在于此。所谓"交叉"并不是在构成交叉关系的若干学问之中打转，而是应该通过交叉来创生出一系列不同于原本学术领域的方法和内容，派生出一系列新的可能性。也许明眼人能够看出，LAB47 空间的实验有些类似于社会创新设计，从某种意义上说确实如此，但又不尽相同，最大的区别是 LAB47 不以"设计"为落脚点。因为这项定位为设计人类学实验的初始设定就是一种民俗沉浸导向的文化介入过程，直到项目结束，LAB47 的两位发起者也并没有明确地想要达成某种目的。LAB47 并不想帮助社区中的公众改变什么，也完全没有假设东四七条中人们的生活存在什么问题，更没有挖掘人们需求或需要的企图。每一种"设计"的目的论基因在这项设计人类学实验案例中都找不到影子，这就是其超越意义之所在。

虽然东西方"设计人类学"或"设计民族志"相关的研究成果越来越多，但本书所真正思考的问题是，设计人类学究竟意味着什么？设计师、设计学者和人类学家在共同工作或共域研讨中相互学习借鉴并没有什么困难，困难的地方在于设计人类学在不同学问、视角、立场的交错中，如何认识到它的超越意义。设计人类学当然有其当代性的学理价值，即回归设计学的基本价值观，对设计物、形式、规则和设计行为保持敏感性。但它的进路应该不止于此，我们需要将设计人类学视为观念和行动，而不是对其自身进行定义或限界。设计人类学家应该具有一种整体性的文化观，关注正在形成的而不是完结的或静止的文化。在这样一种整体文化观的统御下，设计人类学可以应对不同层面的文化实践需求，从设计实践到漫无目的的文化实验。重要的是研究者或实践者是否秉持着一种设计人类学化的价值观。

理想的设计人类学并不被某种经济价值或学术价值所驱使，其所追求的价值是参与人的文化生活。设计人类学当然可以停留

226

在应用指向的价值论层面，也可以栖止于即物穷理的学术论层面。但正如人类学界苦苦寻求学术破题的路径，提出诸如"观察式参与"之类的介入现实的手段，其虽然已经突破了书写的边界，但还有更直接大胆地向前一步的空间，即主动涉入到现实生活中，直接在文化生活中制造田野，在实验中参与和谛悟，在这种笼罩性的整体文化实践观中创造超越性的价值。

有感于赵汀阳先生的一句话，本书关于设计人类学的思考伴随这句话而归向余韵：

对于人来说，唯有万变而不变的有限永在才是经验、生活和文明的意义根据。[4]

参考文献

[1] 格尔兹. 文化的解释 [M]. 韩莉，译. 南京：译林出版社，2008：18.

[2] 赵汀阳. 第一哲学的支点 [M]. 北京：生活·读书·新知三联书店，2013：152.

[3] 特里·伊格尔顿. 论文化 [M]. 张舒语，译. 北京：中信出版社，2018：29.

[4] 赵汀阳. 历史·山水·渔樵 [M]. 北京：生活·读书·新知三联书店，2019：86.

后 记

　　关于设计人类学的想象在我脑中盘桓已久，2014 年开始我在北京交通大学讲授设计学课程，自然地将攻读博士期间的民俗学和人类学故习带入到了针对设计的教学和研究之中。不经意间打开了看待设计的殊异角度，即开始习惯于用整体性的文化观去理解或是体念设计作品乃至日常造物。与此同时，苦于设计与商业之勾联纽结久矣，尤其在互联网经济兴起以后，好似设计的大部分主动性都开始丧失，开始成为系统、模块规划下的要件或元素，设计功能性的归拢和多样性的衰减让我开始怀疑设计在当下与未来的意义，继而对设计学的价值也产生了疑念。就如帕帕奈克早就断言的，"几乎我们所有人都是利润体制宣传的牺牲品，我们已经不再能够坦率地思考了"。

　　2015 年，记得在纽约大学第一次读到《设计人类学：理论与实践》，算是一只脚踏进了这块尚且简浅的学术领域。我当时认为设计人类学也许就是换副眼镜重新看待设计学，可即便如此对设计学也没什么不好，说不定是其焕发活力的一波回春。这当然取决于设计学人如何理解设计人类学，以及如何运用设计人类学来进行学术实践。从字面上看，设计人类学是"设计"与"人类学"的直接拼合，但实际上，一方面，以某某"学"来命名，可以将这一领域提升到理论层面，甚至使其成为具有包纳性的普遍理论。例如，从文化的角度对设计现象进行理论研究是设计人类学的重要工作，也是其理论面向的重要意义。另一方面，设计人类学基于人类学的文化观来指导设计实践，其蕴含着天然的实践基因。这样一来，基于其复合性的目的和内容，学理和实践这两个维度的融合就不应让设计人类学成为一个 1+1=2 的缝合物，而应该充分催发出这个交叉领域崭新的创造力，这种创造力应该直指思想实验／文化生产相关的命题。

于是我们的 LAB47——这个弱指向性的文化空间——就刚好成为一个"被制造的田野"。在围绕它开展的文化实验和本书写作的过程中，我经常思考设计人类学在一些基础性的贡献之外，在设计理路和学术工具这两种角度之外，是否还能找到其他可能，是否能打破传统学科思维的束缚，让这个领域走得更远一点。于是就有了本书所想象的设计人类学的整体框架，即理论、实践与文化实验。其间有不同视角所派生出的分岔，以及由此引出的各种相关性的内容及其思考，一并写进了本书。

借此机会，我想感谢一直以来给予我精神启迪的冯骥才先生。本书的缘起是在先生门下读博的经历，先生宏阔的视野和玄远的思想在点滴之间化入了我认识世界、晓悟生活的心性之中。每次与先生畅谈都仿佛置身于春风沂水，每得先生教诲，都倍觉通透豁朗。冯先生对我的指引远远不止术业，而更在于人生。

在此也要感谢我的朋友、空间合伙人、法国学者 Aurélie Martinaud，在"经验"项目进行的两年中给予我观念上的汲引和合作中的宽容与支持。感谢艺术家祁震、何情、王楠、王要、曹小羊、任波、安德鲁·柯鲁克斯（Andrew Crooks）、任瀚、蒂埃里·勒乔瓦（Thierry Liegeois）、于海元、张丽丹、迈克尔·博登曼（Michael Bodenmann）、马塞尔·克施文德（Bit-Tuner（Marcel Gschwend））、克里斯蒂安·梅尔兹（Christian Melz）、黄静远、李爽、卡罗琳娜·卡兹弥尔斯卡（Karolina Kazmierska）、王振飞、王鹿鸣，没有这些艺术家创造的展览就没有"实验"项目的田野。最后还要特别感谢中国建筑工业出版社的李成成女士，在她笃挚的支持和严谨的校阅下，本书才得以惠然出版。

窃以为设计人类学是一个充满活力、潜力和多样可能性的领域，相信在同道学人的黾勉和睿见中，这个领域必将成为丰赡的学术沃壤。

耿涵

2022 年端午节于天津大学

图书在版编目（CIP）数据

设计人类学：基本问题 = Design Anthropology: A Theoretical Perspective / 耿涵著 . —北京：中国建筑工业出版社，2022.9（2023.12 重印）
ISBN 978-7-112-27879-4

Ⅰ.①设… Ⅱ.①耿… Ⅲ.①设计学－应用人类学 Ⅳ.① TB21

中国版本图书馆CIP数据核字（2022）第162987号

责任编辑：李成成
责任校对：张惠雯

数字资源阅读方法：
本书提供全书所有图片的彩色版，读者可使用手机 / 平板电脑扫描右侧二维码后免费阅读。
操作说明：扫描授权进入"书刊详情"页面，在"应用资源"下点击任一图号（如图2-1），进入"课件详情"页面，内有以下图片的图号。点击相应图号后，点击右上角红色"立即阅读"即可阅读图片彩色版。
若有问题，请联系客服电话：4008-188-688。

设计人类学：基本问题
Design Anthropology: A Theoretical Perspective

耿　涵　著

＊
中国建筑工业出版社出版、发行（北京海淀三里河路 9 号）
各地新华书店、建筑书店经销
北京海视强森文化传媒有限公司制版
北京中科印刷有限公司印刷
＊
开本：880 毫米 × 1230 毫米　1/32　印张：7¼　字数：219 千字
2022 年 9 月第一版　　2023 年 12 月第二次印刷
定价：**45.00** 元（赠数字资源）
ISBN 978-7-112-27879-4
（39850）